职业技能培训教材 食品检验专业

食品元素分析

SHIPIN YUANSU FENXI

主　　编：张根岭　张　磊

副主编：王　薇　蔺　瑞

参　　编：赵栩楠　刘　娅　李　岩　王冬梅　于　超
　　　　　孙婷婷　王晓茜　王　舒　郎萌萌　孙　波

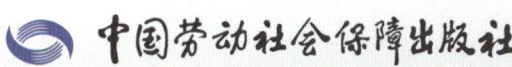
中国劳动社会保障出版社

图书在版编目（CIP）数据

食品元素分析/张根岭，张磊主编. -- 北京：中国劳动社会保障出版社，2021

职业技能培训教材

ISBN 978-7-5167-4847-3

Ⅰ.①食… Ⅱ.①张…②张… Ⅲ.①食品分析-元素分析-技术培训-教材 Ⅳ.①TS27.3

中国版本图书馆 CIP 数据核字（2021）第 033251 号

中国劳动社会保障出版社出版发行

（北京市惠新东街 1 号 邮政编码：100029）

*

北京市艺辉印刷有限公司印刷装订 新华书店经销
787 毫米 × 1092 毫米 16 开本 12 印张 223 千字
2021 年 3 月第 1 版 2021 年 3 月第 1 次印刷
定价：48.00 元

读者服务部电话：（010）64929211/84209101/64921644

营销中心电话：（010）64962347

出版社网址：http://www.class.com.cn

版权专有 侵权必究

如有印装差错，请与本社联系调换：（010）81211666
我社将与版权执法机关配合，大力打击盗印、销售和使用盗版
图书活动，敬请广大读者协助举报，经查实将给予举报者奖励。

举报电话：（010）64954652

前 言

为落实《人力资源社会保障部 财政部关于深入推进国家高技能人才振兴计划的通知》（人社部发〔2016〕74号）中的总体要求，贯彻《国家中长期人才发展规划纲要（2010—2020年）》精神，进一步增强技能人才培养的针对性和适应性，加强高技能人才队伍建设，北京轻工技师学院食品检验专业骨干教师和食品企业相关专家"以就业为导向，以能力为本位，以应用为目的"，结合教学与实践经验，共同开发编写了《食品元素分析》教材。

本书的设计以职业能力培养为核心，以职业活动为导向，选取具有代表性的工作任务，依据相关食品安全国家标准，采用任务驱动模式进行编写，体现了教材的直观性和实用性。本书主要分为四个部分，一是原子光谱分析概论，二是原子吸收光谱分析的基础理论与仪器操作，三是原子荧光光谱分析的基础理论与仪器操作，四是分析方法应用，共19个学习任务。本书既可作为职业院校的专业教材，也可作为食品检验人员的培训教材或参考资料。

本书在编写过程中参阅了大量的书籍和文献，在此表示诚挚的感谢。由于食品安全检测涉及内容广泛，加之编者水平有限，书中疏漏或不当之处在所难免，欢迎广大读者批评指正。

食品工程系编委会
2020年10月

目录 CONTENTS

第一部分　原子光谱分析概论 /1

学习任务 1　原子光谱分析技术的分类与发展………………………………… 1
学习任务 2　原子光谱分析的基本知识………………………………………… 7
学习任务 3　原子光谱的定性及定量分析……………………………………… 12
学习任务 4　原子光谱分析中的主要干扰类型及其消除……………………… 15

第二部分　原子吸收光谱分析的基础理论与仪器操作 /25

学习任务 1　原子吸收光谱分析概述…………………………………………… 25
学习任务 2　原子吸收光谱法的基本原理及仪器结构………………………… 29
学习任务 3　石墨炉原子吸收光谱仪的操作规程……………………………… 36
学习任务 4　火焰原子吸收光谱仪的操作规程………………………………… 43
学习任务 5　原子吸收光谱仪的维护…………………………………………… 51
学习任务 6　原子吸收光谱仪常见故障及解决方法…………………………… 81

第三部分　原子荧光光谱分析的基础理论与仪器操作 /85

学习任务 1　原子荧光光谱分析概述…………………………………………… 85
学习任务 2　原子荧光光谱法的基本原理及仪器结构………………………… 89
学习任务 3　原子荧光光谱仪的操作规程……………………………………… 93
学习任务 4　原子荧光光谱仪的维护…………………………………………… 101
学习任务 5　原子荧光光谱仪常见故障及解决方法…………………………… 109

第四部分　分析方法应用 /113

学习任务 1　样品前处理………………………………………………………… 113
学习任务 2　石墨炉原子吸收光谱法测定食品中铅的含量…………………… 141
学习任务 3　火焰原子吸收光谱法测定食品中铜的含量……………………… 152
学习任务 4　原子荧光光谱法测定食品中砷的含量…………………………… 163

参考答案 /174

第一部分

原子光谱分析概论

学习任务 1 原子光谱分析技术的分类与发展

【学习目标】

1. 了解原子光谱分析技术的分类。
2. 了解原子光谱分析技术的发展历程。

【任务描述】

根据原子激发方式及光谱的检测方法进行分类，从原理上可将原子光谱法分为原子发射光谱法、原子吸收光谱法、原子荧光光谱法、X 射线荧光光谱法以及原子质谱法。学生应了解每种光谱法的原理及分析方法，通过本任务的学习，掌握原子光谱分析技术的发展历程，并展望今后我国原子光谱技术的发展方向。

【学前准备】

（一）学习资料

见"信息单"及仪器分析等相关资料。

（二）其他参考资料来源

1.《原子吸收光谱分析技术》《分析化学手册 .3. 原子光谱分析（第三版）》等相关书籍。

2. 食品中元素相对应的国家标准以及仪器分析类网站和资料等。

（三）思考题

1. 原子光谱分析技术可分为哪几种？

2. 简述原子光谱分析技术的发展历程。

3. 什么是原子吸收光谱法？什么是原子荧光光谱法？

【信息单】

一、原子光谱分析技术的分类

（一）原子发射光谱法（atomic emission spectrometry，AES）

原子发射光谱法是根据每种化学元素的原子或离子在热激发或电激发下，从激发态回到基态时发射的特征谱线，进行元素定性、半定量和定量分析的方法。

根据激发光源和激发条件的不同，可将原子发射光谱法分为电感耦合等离子体原子发射光谱法、辉光放电原子发射光谱法、火花放电原子发射光谱法、电弧原子发射光谱法、微波等离子体原子发射光谱法和激光光谱原子发射光谱法。

（二）原子吸收光谱法（atomic absorption spectrometry，AAS）

原子吸收光谱法又称原子分光光度法，是基于待测元素的基态原子蒸气对其特征谱线的吸收，由特征谱线的特征性和谱线被减弱的程度对待测元素进行定性、定量分析的一种仪器分析的方法。

根据原子化形式的不同，原子吸收光谱法可分为火焰原子吸收光谱法和非火焰原子吸收光谱法。目前应用最广泛的非火焰原子器有石墨炉原子化器、氢化物发生原子化器和冷蒸气发生原子化器。

（三）原子荧光光谱法（atomic fluorescence spectrometry，AFS）

原子荧光光谱法是基态原子（一般为蒸气状态）吸收合适的特定频率的辐射而被激发至高能态，激发过程中以光辐射的形式发射出特征波长的荧光，检测器测定原子发出的荧光而实现对元素测定的痕量分析方法。典型原子荧光检测过程是以氢化物或冷蒸气发生方式实现样品的导入，氩氢扩散火焰原子化器实现被测元素的原子化，自由原子被空心阴极灯激发后发射的原子荧光，以无色散光路被光电倍增管接收，获得原子荧光信号。理论上，AFS 兼具 AES 和 AAS 的优点，同时也克服了两者的不足，但是由于 AFS 存在严重的散射光干扰及荧光猝灭等固有缺陷，使得该方法对激发光源和原子化器有较高的要求。

根据分光系统的不同，原子荧光光谱法分为色散原子荧光光谱法和非色散原子荧光光谱法。

（四）X射线荧光光谱法（x-ray fluorescence，XRF）

利用能量足够高的X射线（或电子）照射试样，激发出来的光称为X射线荧光。利用分光计分析X射线荧光光谱，鉴定样品的化学成分称为X射线荧光分析。当样品中元素的原子受到高能X射线照射时，即发射出具有一定特征的X射线谱，特征谱线的波长只与元素的原子序数有关，而与激发X射线的能量无关。谱线的强度和元素含量的多少有关，所以测定谱线的波长，就可知道试样中包含元素的种类；测定谱线的强度，便可知道该元素的含量。

根据色散方式不同，X射线荧光分析仪分为X射线荧光光谱仪和X射线荧光光能仪。根据激发、色散和探测方法的不同，分为X射线光谱法和X射线能谱法。

（五）原子质谱法（atomic mass spectrometry，AMS）

原子质谱法又称为无机质谱法，是将试样原子化后采用各种离子源使其离子化，按质荷比不同而进行分离检测的方法，广泛用于各种试样中元素的定性和定量检测。

根据激发光源不同，原子质谱法可以分为电感耦合等离子体质谱法、辉光放电质谱法、激光离子源质谱法等。

二、原子光谱分析技术的发展

（一）原子光谱发展简史

1802年，W. H. Wollaston（伍朗斯顿）在研究太阳连续光谱时就发现了太阳连续光谱中出现的暗线，之后Fraunhofer（夫琅和费）详细地研究了这些暗线，后来这些暗线称为夫琅和费谱线，如图1-1-1所示。

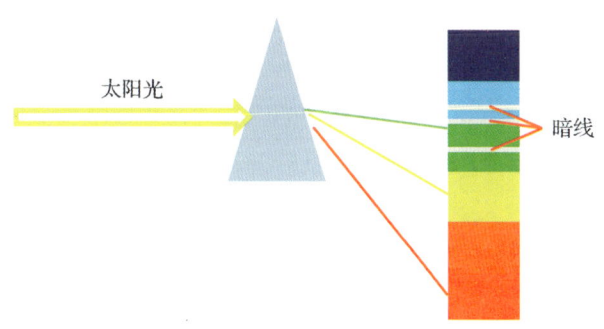

图1-1-1　夫琅和费谱线的产生

1859 年，R. W. Bunsen（本生）与 G. R. Kirchhoff（基尔霍夫）在研究碱金属和碱土金属的火焰光谱时（见图 1-1-2），发现钠原子蒸气发出的光通过比其温度低的钠原子蒸气时，引起钠光谱线的吸收，从而阐明了吸收与发射之间的关系，并使用了能产生较高温度和无色火焰的光源——本生灯，研制了第一台实用的光谱仪。利用研制的光谱仪系统地研究了一些元素，确定了光谱与相应的原子性质之间的简单关系，奠定了光谱定性分析的基础。

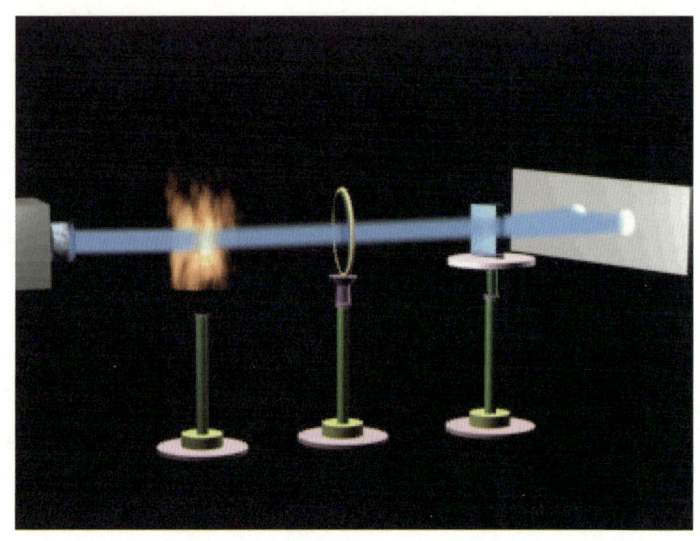

图 1-1-2　碱金属与碱土金属火焰研究

根据钠发射光谱线（见图 1-1-3）与夫琅和费在太阳光谱中观察到的暗线的位置相同这一事实，解释了太阳光谱中的暗线产生的原因，它是太阳周围大气中的钠原子对太阳光谱钠辐射选择性吸收的结果。

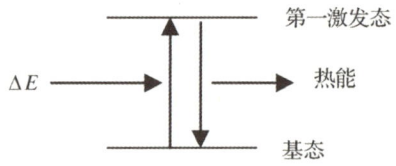

图 1-1-3　钠发射光谱产生原因示意图

1955 年 A. Walsh（沃尔什）和 C.T.J.Alkemade（阿肯麦德）同时各自独立地发表了火焰原子吸收光谱开创性的论文，奠定了原子吸收光谱分析的理论基础，使它从此成为重要的现代仪器分析方法之一，原子吸收光谱仪（火焰法）示意图如图 1-1-4 所示。

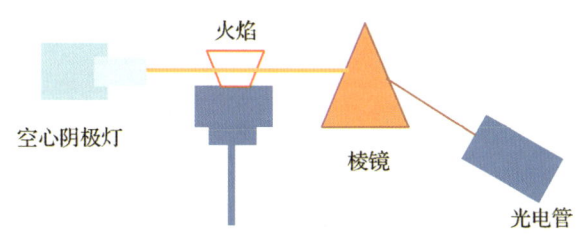

图 1-1-4 原子吸收光谱仪（火焰法）示意图

1961 年创立了石墨炉电热原子吸收光谱分析法，将原子吸收光谱分析法推进到了一个新阶段。1958 年第一台原子吸收光谱仪商品仪器问世。1974 年日本日立公司推出了第一台塞曼效应汞分析仪商品仪器，1976 年开发了塞曼效应石墨炉原子吸收光谱仪。

1982 年 S.B.Smith（史密斯）等提出了用谱线自吸效应扣除背景原理，美国实验室仪器公司开发了这种原理的原子吸收光谱仪商品仪器并投放市场。1990 年美国 Perkin-Elmer 公司推出了世界上第一台纵向交流磁场塞曼原子吸收分析商品仪器。

随着高新技术的引入，一些新的光源（如微波等离子体、辉光放电、激光诱导等）的研发，以及与微电子技术和数字化技术的结合，使原子光谱分析仪器向高精度和高可靠性发展，使原子光谱定量分析在现代食品检验中占有极为重要的地位。

（二）原子光谱分析技术的进展

原子光谱分析技术具有灵敏度高、准确性好、干扰少、分析速度快等优点，在实际的元素检测中获得了广泛的应用，但一些分析技术仍存在着诸如基质干扰、谱线干扰严重等问题，不少研究者将目光投注到了联用技术上，并借助于联用技术的发展，成功地使原子光谱分析的应用扩展到了各个领域。

原子光谱分析与色谱技术的联用出现得最早，常用的联用色谱技术已经扩展到了气相色谱、液相色谱、毛细管电泳、超临界流体色谱等几乎全部的色谱类型。色谱与原子光谱的结合可充分利用色谱强大的分离能力和原子光谱的元素检测能力，是目前最重要的原子光谱联用技术。除了色谱技术之外，流动注射、蒸汽发生技术、液相萃取、固相萃取等都常作为分析前的分离/预处理方式与原子光谱联用。

原子吸收光谱方面，利用可调谐激光光源技术，可设计出新型原子吸收光谱仪器，并促进联用技术、固体进样技术的发展。原子荧光光谱仪器向便携式、多通道、多元素测定方向发展，以及近年来开始的 LC-AFS（liquid chromatography-atomic fluorescence spectrometry，液相色谱 - 原子荧光光谱仪）联用技术已实现元素的形态分析。原子发射光谱仪包括火花放电原子发射光谱仪、电弧原子发射光谱仪、电感耦合等离子体原子发射光谱仪、微波等离子体原子发射光谱仪、辉光放电原子发射光谱仪、激光诱导击穿光谱仪等。原子发射光谱仪发展的关注点有光栅、分光装置、检测器、激发源、软件技术、仪器设计新理念等。X 射线荧光光谱中，能量色散型 X 射线荧光分析仪的生产厂家较多，产品类型有数百种，其中以台式和手持式为主；波长色散型 X 射线荧光分析仪的生产厂家较少，型号数十种，其中以大型仪器为主。ICP-MS（inductively coupled plasma mass spectrometry，电感耦合等离子体质谱）不断被推出新型号仪器，新技术不断被开发、被应用。

【思考与练习】

一、选择题

1. 下列不属于原子吸收光谱法的是（   ）。
A. 火焰原子化光谱法　　　　　　　　B. 石墨炉原子化光谱法
C. 氢化物原子化光谱法　　　　　　　D. 原子质谱法

2. 下列说法不正确的是（   ）。
A. 原子荧光光谱是一种吸收光谱
B. 原子吸收光谱是一种吸收光谱
C. 原子发射光谱是一种发射光谱
D. 原子荧光光谱、原子吸收光谱、原子发射光谱都是线光谱

3. 用于原子吸收光谱仪的光源是（   ）。
A. 空心阴极灯　　　B. 交流电弧　　　C. 直流电弧　　　D. 高压火花

4. 下列说法正确的是（   ）。
A. 原子吸收光谱法既可用于确定元素的组成与含量，也能给出物质分子结构、价态和状态等信息
B. 原子吸收光谱法可以用于分析有机物和一些非金属元素
C. 原子发射光谱法可以同时测量多种元素
D. 原子荧光光谱法散射光影响较严重，在一定程度上限制了该法的普及和发展

5. 原子的核外电子受到外界能量激发，从基态跃迁到第一激发态所产生的谱线称为（   ）。
A. 共振发射线　　　B. 共振吸收线　　　C. 离子谱线　　　D. 共振离子谱线

二、简答题

试比较原子发射光谱法、原子吸收光谱法、原子荧光光谱法的异同点。

学习任务 2　原子光谱分析的基本知识

【学习目标】

1. 了解原子能级与光谱产生的关系。
2. 掌握原子光谱分析涉及的专业术语。

【任务描述】

原子光谱分析是一种基于测量待测元素的基态原子对其特征谱线吸收程度而建立起来的分析方法。原子光谱分析测定过程中，会涉及较多具有一定难度的专业术语，因此，本任务是学习原子光谱法的相关术语概念，理清术语对应的含义，这对后续原子光谱内容的学习和实际应用将有较大的帮助。

【学前准备】

（一）学习资料

见"信息单"及仪器分析等相关资料。

（二）其他参考资料来源

1.《分析化学手册.3.原子光谱分析（第三版）》等相关书籍。
2. 食品中元素相对应的国家标准以及仪器分析类网站和资料等。

（二）思考题

原子光谱分析中最常见的参数有哪些？

【信息单】

原子光谱的产生与原子结构密切相关，通过对原子光谱的解析可以了解各种元素原子结构的特点，进而确定物质的组成。

一、原子能级

1. 原子的量子状态

原子光谱是由原子核外最外层电子的跃迁所产生的电磁辐射，与原子的状态密切相关。对于具有多个外层电子的原子，其运动状态可用 n（主量子数）、L（总轨道角动量量子数）、S（总自旋角动量量子数）、J（总角动量量子数）四个量子数来描述，任何一个量子数的改变，均会引起相应原子能量的变化，形成一定波长的光谱。

2. 原子的基态、激发态

能级图（见图1-2-1）是表示一种元素的各种光谱项及光谱项的能量和可能产生的光谱线。在多数情况下，用简化的能级示意图来表示谱线的跃迁关系。

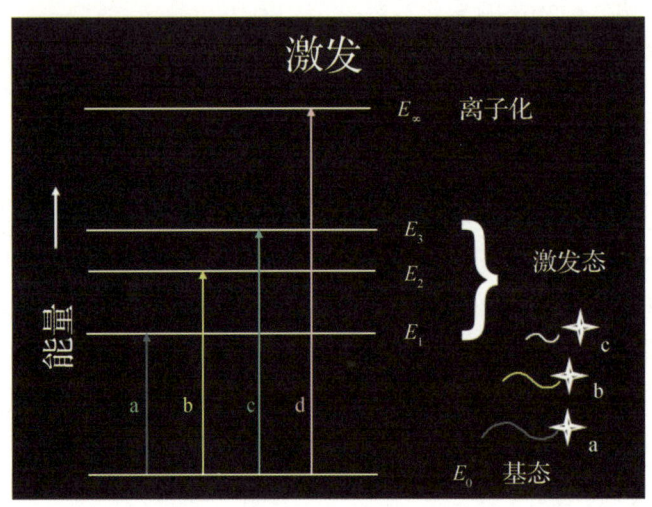

图1-2-1　原子能级跃迁的能级图

在光谱发射与吸收的过程中，处于能量最低能级的原子或能量最低的离子称为基态原子或基态离子；处于能量高于基态能级以上的原子或离子称为激发态原子或激发态离子。

原子从激发态直接跃迁到基态或从基态跃迁到激发态所产生的谱线称为共振线。在通常情况下，原子处于基态，即稳定的状态，当通过基态原子的某种辐射线所具有的能量（或频率）恰好符合该原子从基态跃迁到激发态所需要的能量（或频率）时，该基态原子就会从入射辐射中吸收能量，产生原子吸收光谱。原子从激发态跃迁到基态，称为发射。

二、原子光谱的规律性

激发态原子或离子具有的能量，称为激发能，原子或离子获得能量致使电子脱离原子核的作用而成为自由电子，所需的最低能量称为电离能。激发能和电离能的高低是原子、离子结构的固有特征，与外界条件无关。对于原子的激发和电离而言，元素周期表中的同一周期元素，由左向右，随着核电荷数、外层电子数的增加和原子半径减小，激发能和电离能依次增大；元素周期表中的同族元素，自上而下，随着核电荷数增多，原子半径增大，激发能和电离能依次减小。

三、原子光谱分析常用术语

1. 基体改进剂

基体改进剂是加在样品中的一种试剂，其作用是用化学的方法改变样品的基体组成，以改变被分析元素的挥发性或基体结构，降低干扰，或将被分析元素以特定形态隔离出来，从而分离出背景信号和被分析元素的原子吸收信号。对复杂基体，基体改进剂可在原子化阶段增强原子吸收信号和降低背景信号。理想的基体改进剂，最好兼具两者的功能。

2. 激发

原子由于碰撞、被加热或光线照射而吸收能量的过程，称为激发。当发生激发时，原子的外层电子跃迁到较高能级。

3. 基态

基态是原子能量最低、最稳定的状态。基态原子中的电子都处于其最低能级。

4. 氢化物发生法

氢化物发生法是一种使被分析元素与还原剂（通常为硼氢化钠）发生化学反应，产生挥发性氢化物，然后通到石英池加热还原成自由基态原子的技术。

5. 最大吸光度

在塞曼吸收中，对某一特定波长，所允许的最大峰高值，称为最大吸光度。超过该值时，就可能发生曲线下弯现象。

6. 荧光猝灭

受激原子和其他粒子碰撞，把一部分能量变成热运动与其他形式的能量，因而发生无辐射的去激发过程，这种现象称为荧光猝灭。

7. 单色器

单色器为一种光学器件，用来从光谱中分离出有用的窄波长。

8. 雾化器

将溶液转化成雾状雾气的装置。

9. 光谱干扰

光谱干扰是由于待测元素发射或吸收的辐射光谱与干扰物或其影响的其他辐射光谱不能完全分离所引起的干扰，会造成谱线重叠，从而可能对测量结果产生影响。

10. 背景校正

背景校正是一种甄别非特征吸收的方法。该方法不通过化学处理，而是借助于光学、电子学技术将背景衰减与原子吸收信号分离，即将背景吸收从总信号中减去。目前的原子吸收光谱仪，背景校正主要采用自吸、氘灯和塞曼校正。

（1）自吸校正

自吸校正是利用大电流下空心阴极灯发生自吸谱线变宽来测量背景，可用于全波段校正，其光能量充足，有利于提高信噪比和背景校正性能（上述两点比氘灯和塞曼校正好），且无须在光路中设置其他光束组合器或偏光元件，是一种简单可行的背景校正方法。

（2）氘灯校正

氘灯校正属于连续光源校正，采用两个光源（由于光源光学性质的差异使其扣除背景的误差在 ±10%）工作，因此，在测定分析过程中只有平衡好两个光源的能量和几何外形的完全重合才能获得满意的校正效果，否则扣除背景的可靠性将大大降低，并且出现扣除背景过度的现象。氘灯校正的灵敏度损失比自吸校正的要小，由于氘灯能量在短波比较强，因此，主要用于波长为 190~350 nm（大部分元素的灵敏线也在这个区域）分子背景和散射的校正，不能用于校正结构背景（自吸、塞曼校正则可以）。

（3）塞曼校正

塞曼校正是根据原子能级在磁场中的分裂进行的，可以在全波长范围内进行非原子吸收背景校正。塞曼校正扣除背景最主要的一个优点是背景的扣除准确地在被分析元素的共振谱线处进行，且只需一个光源。塞曼校正的优点是：波长覆盖整个波长范围；可准确扣除结构背景；可扣除某些谱线干扰；背景校正速度快，提高了扣除背景的准确性；可扣除高背景吸收。

11. 原子化器

原子化器是将试样溶液转化为自由原子蒸气（基态原子）的装置。

12. 空心阴极灯

空心阴极灯是一种低压气体放电管，主要由一个阳极（钨棒）和一个空心圆柱形阴极（由被测元素的金属或合金化合物制成）组成。阴极和阳极密封在带有光学窗口的玻璃管内，内充低压（几百帕）的惰性气体（氖气或氩气）。空心阴极灯是最常用的锐线光源。

【思考与练习】

一、选择题

1. 原子吸收分析属于（　　）。
   A. 原子发射光谱　　B. 原子吸收光谱　　C. 分子吸收光谱　　D. 分子荧光光谱
2. 原子吸收光谱法用的空心阴极灯是一种特殊的（　　）管，它的阴极是由（　　）制成的。
   A. 辉光放电　　　　　　　　　　　　B. 无极放电
   C. 待测元素的纯金属或合金　　　　　D. 纯金属或合金
3. 石墨炉原子吸收光谱法的特点是（　　）。
   A. 灵敏度高　　　B. 取样量多　　　C. 操作简便　　　D. 检出限高

二、判断题

1. 激发能和电离能的高低是原子、离子结构的固有特征，与外界条件无关。（　　）
2. 基态是原子能量最低、最稳定的状态。（　　）
3. 原子化器是将试样溶液转化为自由原子蒸气（基态原子）的装置。（　　）
4. 元素周期表中的同族元素，自上而下，激发能依次增大。（　　）
5. 任何金属元素均可用空气-乙炔火焰进行测定。（　　）

三、填空题

1. 石墨炉原子吸收光谱法的特点是_____。
2. 塞曼效应是指光谱线在____中发生____的现象。
3. 火焰原子吸收法的主要干扰有_____、_____、_____、_____。
4. 空心阴极灯如长期闲置不用，应该经常_____，否则会使谱线_____，甚至不再是_____光源。

四、简答题

简述原子吸收光谱及原子荧光光谱的产生机理。

学习任务 3　原子光谱的定性及定量分析

【学习目标】

1. 了解原子光谱的定性及定量分析的基本原理。
2. 掌握原子光谱中浓度直读法、标准加入法、内标法的处理方法。

【任务描述】

原子光谱法是一种基于测量待测元素的基态原子对其特征谱线吸收程度而建立起来的分析方法，是元素分析最常用的分析方法。因此，本任务学习原子光谱中常见的定性分析判定方法，定量分析中浓度直读法、标准加入法、内标法的分析方法。

【学前准备】

（一）学习资料

见"信息单"及仪器分析等相关资料。

（二）其他参考资料来源

1. 《分析化学手册 .3. 原子光谱分析（第三版）》等相关书籍。
2. 食品中元素相对应的国家标准以及仪器分析类网站和资料等。

（三）思考题

1. 原子吸收光谱法的定量分析方法有哪些？
2. 原子吸收光谱法在分析中有哪些注意事项？

【信息单】

一、光谱定性分析

光谱的定性分析是根据测定图谱判断试样中含有哪些元素或者是否含有某个指定元素，并粗略地估计其大致含量。

光谱的定性分析是依据元素的特征谱线，以判断所测定的元素是否存在。当元素的特征谱线与测定出的谱线 2 条以上（包括 2 条）对应时，基本就可以判断出所测定元素存在（注：在判定过程中，如果元素有多条特征谱线，注意判定是否是其他元素的干扰线）。

二、光谱定量分析

光谱定量分析就是根据样品中被测元素的谱线强度来准确确定该元素的含量。光谱分析法中元素的谱线强度与元素含量的关系是光谱定量分析的依据，基本关系式：

$$I = Kc^B$$

式中，I 为谱线强度，c 为元素含量，K 为发射系数，B 为自吸系数。

取对数，得到：

$$\lg I = B\lg c + \lg K$$

原子光谱法进行定量分析的最常见和简单的方法是浓度直读法、标准曲线法和标准加入法。

1. 浓度直读法

$$c_1/c_2 = A_1/A_2$$

式中，c 为浓度，A 为吸光度，1 为已知样品，2 为待测样品。

根据已知样品浓度及吸光度利用比例法得到待测样品的浓度。

2. 标准曲线法

光谱定量分析中最常用和最基本的方法是标准曲线法。标准曲线法是用标准物质配制一系列的已知浓度的标准试样，在标准条件下，测得每一浓度对应的吸光度值，以吸光度对浓度作图，绘制标准曲线。在相同条件下测定样品吸光度，从标准曲线上读取样品浓度，如图 1-3-1 所示。

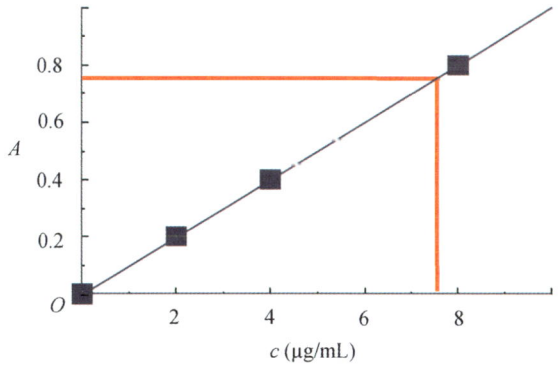

图 1-3-1 标准曲线图谱

3. 标准加入法

一般情况下，待测试样的组成不完全知道，为配制与待测试样组成相似的标准溶液带来困难，此时可以采用加入标准溶液法来克服该困难，以求出试样中的未知含量，如图 1-3-2 所示。

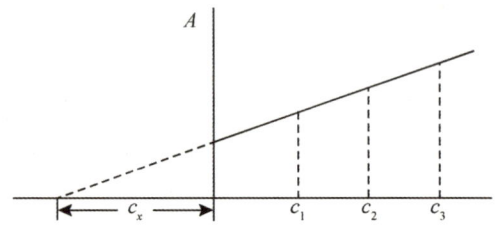

图 1-3-2　标准加入法坐标图

应用此方法的试样必须满足如下特点：

（1）待测元素浓度与测定值为线性关系。

（2）为了得到较准确的结果，至少取 4 个点。

（3）本方法能消除基体效应，但不能消除背景吸收的影响。因此，只有扣除背景之后，才能得到待测元素的真实含量。

（4）曲线斜率要适中，斜率太小的曲线误差大。

【思考与练习】

一、选择题

1. 原子吸收光谱法是一种成分分析方法，可对 60 多种金属和某些非金属元素进行定量测定，它广泛用于（　　）的定量测定。

A. 低含量元素　　　　B. 元素定性　　　　C. 高含量元素　　　　D. 极微量元素

2. 原子分析光谱法可进行（　　）分析。

A. 结构　　　　　　　　　　　　　　　　B. 高含量

C. 定性、半定量与定量　　　　　　　　　D. 能量

二、计算题

用原子吸收光谱法测定元素 M 时，由一份未知试液得到的吸光度为 0.435，在 9.00 mL 未知液中加入 1.00 mL 浓度为 100×10^{-6} g/mL 的标准溶液，测得此混合液的吸光度为 0.835。试问未知试液中含 M 的浓度为多少？

学习任务 4　原子光谱分析中的主要干扰类型及其消除

【学习目标】

1. 了解原子吸收光谱和原子荧光光谱分析中的主要干扰类型。
2. 掌握原子光谱分析中消除干扰的方法。

【任务描述】

原子吸收光谱法中的干扰大致有四类：化学干扰、光谱干扰、电离干扰和物理干扰。原子荧光光谱分析中的干扰主要包括光谱干扰、液相干扰和气相干扰。由于干扰产生的原因各不相同，因此，显示的特性和产生的影响也有差异。通过本任务的学习，学生应了解干扰产生的原因及掌握正确消除干扰的方法。

【学前准备】

（一）学习资料

见"信息单"及仪器分析等相关资料。

（二）其他参考资料来源

1.《原子吸收光谱分析技术》等相关书籍。

2.食品中元素相对应的国家标准以及仪器分析类网站和资料等。

（三）思考题

消除化学干扰的方法有哪些？

【信息单】

一、原子吸收光谱分析中的主要干扰类型及其消除

（一）化学干扰及其消除方法

1. 化学干扰的产生和来源

化学干扰是指试样溶液转化为自由基态原子的过程中，待测元素与其他组分之间的化学作用而引起的干扰效应，它主要影响待测元素化合物离解及其原子化。这种效应可以是正效应，提高原子吸收信号；也可以是负效应，降低原子吸收信号。化学干扰是一种选择性干扰，它不仅取决于待测元素与共存元素的性质，而且还与喷雾器、燃烧器、火焰类型、状态、部位密切相关。

化学干扰的来源主要有：

（1）待测元素与共存元素之间形成热力学更稳定的化合物，使参与吸收的基态原子数减少。例如，在乙炔-空气火焰中，PO_4^{3-}、SO_4^{2-}等对Ca、Mg测定的干扰就是由于待测元素与共存组分之间形成难离解化合物，降低了Ca和Mg的吸收值，属于负干扰。

（2）自由基态原子自发地与环境中的其他原子或基团反应，导致参与吸收的基态原子数减少，这种类型的干扰主要是自由基态原子与火焰的燃烧产物形成了氧化物和氢氧化物，有时也是由于形成碳化物或氮化物所造成的。例如，Al、Si、B等元素难以在空气-乙炔火焰中测定，就是因为这些元素在这种火焰中形成很稳定的氧化物，降低了原子化效率的缘故；在石墨炉法中，B、La、Zr、Mo等容易生成碳化物，使测定灵敏度降低。特别是普通石墨管用久后逐渐变成多孔性，待测元素渗入孔内，增加了形成碳化物的机会，不仅使灵敏度降低，而且还会出现"记忆"效应。当使用氮气作为保护气体时，Ba、Mn、Ti容易形成氮化物，导致测定灵敏度降低。

（3）试样溶液的有机或无机基体与待测元素形成易挥发化合物，参与吸收的基态原子数减少，灵敏度降低。在石墨炉法中，灰化阶段低沸点的Pb、Cd容易直接以金属形式挥发损失；试样的有机或无机基体与待测元素形成易挥发的化合物，特别是在卤素离子存在的情况下，常以卤化物蒸发出去，造成待测元素进入原子化阶段的金属原子减少，灵敏度降低。另外，各种酸对测定也会产生干扰，这是由于待测元素与酸形成易挥发的化合物并以分子形式挥发，特别是高氯酸和硝酸，由于温度增高时盐类的炸裂，导致试样进入原子化阶段前金属原子已损失。

（4）还有一些其他来源，如高含量盐类存在会使吸收信号降低等。

2. 消除化学干扰的方法

因为化学干扰的多样性和复杂性，故消除化学干扰的方法也多种多样，但不可能代替针对特定的分析对象和条件进行干扰试验及研究消除干扰的方法，只能为实际应用提供参考。

（1）提高火焰温度

这种方法往往能消除待测元素在原子化时遇到的化学干扰，即任何难离解的化合物在一定的高温下总是能离解成自由基态原子，许多低温火焰中出现的干扰，改用高温火焰，便能部分或完全消除。例如，在空气-乙炔火焰中测 Ca，有磷酸盐存在时有干扰，如改用一氧化二氮-乙炔火焰，这种干扰可被有效地消除。

（2）利用火焰气氛

对易形成氧化物并具有较大键能的元素，可以通过改变火焰的气氛，采用富燃性火焰，从而有利于元素的原子化，提高测定的灵敏度。例如，测 Cr 时，在空气-乙炔富燃性火焰中，CrO 通过还原反应原子化，使灵敏度显著提高。不同高度的火焰区，氧化还原特性不同，干扰也不同，因此，在测定时一定要选好燃烧器的高度，以得到一个良好的原子化气氛。

（3）加入释放剂

待测元素和干扰元素在火焰中形成稳定的化合物时，加入另一种物质使之与干扰元素反应，生成更稳定或更难挥发的化合物，从而使待测元素从干扰元素的化合物中释放出来，加入的这种物质就称为释放剂，常用的释放剂有 $SrCl_2$ 和 $LaCl_2$ 等。例如，磷酸盐干扰 Ca 的测定，在加入 Sr 或 La 以后，由于 Sr 或 La 与磷酸根结合生成更稳定的化合物并将 Ca 释放出来，从而消除干扰。其反应如下：

$3CaCl_2 + 2H_3PO_4 = Ca_3(PO_4)_2 + 6HCl$

$Ca_3(PO_4)_2 + 2LaCl_3 = 2LaPO_4 + 3CaCl_2$

采用加入释放剂以消除干扰的方法，必须注意的是：加入的释放剂达到一定量时才能起释放剂的作用。加入量的多少，应通过实验来确定。

（4）加入保护剂

保护剂有三类，第一类是保护剂与待测元素形成稳定的络合物的试剂，特别是多环螯合的试剂，将待测元素保护起来，防止干扰物质与其发生作用。例如，加入 EDTA 能抑制磷酸对 Ca 的干扰，就是由于 Ca 与 EDTA 络合而不再与磷酸反应。第二类是保护剂与干扰元素形成稳定的络合物的试剂，由于把干扰元素控制起来，从而抑制了干扰。例如，加入 8-羟基喹啉与铝形成稳定的络合物，消除了铝对镁的干扰。第三类是保护剂既能同待测元素形成稳定的络合物，又能同干扰元素形成稳定的络合物，把它们控制起来，从而避免其相互作用，消除干扰。例如，Al 对 Mg 的干扰，保护剂 EDTA 与 Mg、Al 都起螯合作用，于是避免了干扰。许多实验表明，保护剂与释放剂联合使用，消除干扰的效果更为显著。例如，甘油和高氯酸是消除铝对镁的干扰的保护剂，而镧是一种释放剂，两者同时使用时获得了更好的消除干扰的效果。

（5）加入缓冲剂

在被测样品和标准样品中均加入过量的干扰元素，使干扰效应达到饱和点，这时干扰效应不再随干扰元素的量的变化而变化，或者变化很小，使干扰趋于稳定。这种方法的不足在于显著地降低了测定的灵敏度。

加入各种保护剂、释放剂来消除干扰，是一个简单而有效的方法，应用广泛。表 1-4-1 列出了一些用来抑制和消除干扰的常用试剂。

表 1-4-1　　　　　　　　用以抑制和消除干扰的常用试剂

试剂	干扰元素	待测元素
La_2O_3	Al、SiO_3^{2-}、PO_4^{3-}、SO_4^{2-}	Mg、Ca、Sr
$BaCl_2$	Al、Fe	K、Na、Mg
Sr+$HClO_4$	Al、PO_4^{3-}、BO_3^{3-}	Mg、Ca、Ba
$FeSO_4$	SiO_3^{2-}	Cu、Zn
La_2O_3	Al、PO_4^{3-}	Cr
甘油+高氯酸	Al	Mg、Ca
乙二醇	PO_4^{3-}	Ca
甘露醇	PO_4^{3-}	Ca
葡萄糖	PO_4^{3-}	Ca
氯化铵	Sr、Ca、Ba、PO_4^{3-}、SO_4^{2-}	Mo
氯化铵	Fe、Mo、W、Mn、Al	Na、Cr
EDTA	BO_3^{3-}、SO_4^{2-}、F^-、I^-	Pb
EDTA	SiO_3^{2-}、SO_4^{2-}、BO_3^{3-}、Al、Se、Te	Mg、Ca
8-羟基喹啉	Cu、Co、Ni、Al、BO_3^{3-}、SiO_3^{2-}、F^-、Mg、	Fe、Ca、Mg
Na_2SO_4	Sr、Ba、Y、Zr、V、W、Mo、Mn、Fe、Co、Ni、Al、Zn	Cr

（6）化学分离法

用化学方法将待测元素与干扰组分分开，这不仅可以消除干扰，也能使待测元素得到富集，灵敏度得到提高。但是，化学富集法比较烦琐费时，有时也会引起沾污和损失。常用的方法有萃取法、离子交换法和沉淀法等，而以萃取法应用最广。这不仅由于它起到富集待测元素和分离干扰元素的作用，而且将有机相喷入火焰中进行测定，其测定灵敏度比水相提高 2~8 倍，个别元素甚至可高达 20 倍以上。原子吸收光谱分析中的萃取法，一般分为以下两种情况：

1) 加入适当试剂与待测元素形成络合物，用有机溶剂萃取后直接喷雾，或将萃取的有机溶剂蒸发，制成水溶液后喷雾。在这种情况下，通常是以有机络合物形式进行萃取。最常用的螯合剂是吡咯烷二硫代氨基甲酸铵（APDC）和二乙基二硫代氨基甲酸钠（DDTC），它们能与 30 多种元素生成金属螯合物，并且能在很广的 pH 范围内进行萃取。由于硝酸能分解 APDC，应避免使用硝酸。为了萃取有机络合物，必须选择能充分溶解络合物的溶剂（萃取剂），表 1-4-2 列出用于原子吸收分析的常用萃取剂，其中以甲基异丁基酮（MIBK）应用最广。

2) 用有机溶剂萃取除去非测定的元素，再用喷雾水相来测定待测元素，这种方法在测定微量元素时往往有效。

表 1-4-2　　用于原子吸收分析的常用萃取剂

元素	被萃取的络合物	水相 pH	萃取剂
Al^{3+}	$AlCl_3$	pH 3.6	MIBK
Bi^{3+}	$Bi(DDTC)_3$	pH 2.8	MAK（2-庚酮）
Ca^{2+}	$CaOX_2$①	pH>13	i-AmOH（异戊醇）
Cd^{2+}	$Cd(APDC)_2$	pH 2.8	MAK
Co^{2+}	$Co(APDC)_2$	pH 6.5	EToAc（乙酸乙酯）
Cr^{3+}	$Cr(Ac)_3$	pH 6~7	EToAc
Cu^{2+}	$Cu(APDC)_2$	酸性溶液	MAK
Fe^{3+}	$FeOX_3$	pH 4.5	MIBK
Hg^{2+}	$Hg(APDC)_2$	pH 2.8	MIBK
Mg^{2+}	MgO_2	pH>11	MAK
Mn^{2+}	$Mn(DDTC)_2$	pH 7	MIBK
Mo^{6+}	$Mo_2O_3(OH)_2OX$	pH 2.0	MIBK
Ni^{2+}	$Ni(DDTC)_2$	pH 9~9.5	MIBK

续表

元素	被萃取的络合物	水相 pH	萃取剂
Pb^{2+}	H_2PbI_4	HCl 5%	MIBK
Zn^{2+}	$Zn(APDC)_2$	pH 2.5~5	MIBK

① 式中 X 为络合剂。

(7) 改良基体

在石墨炉法中，Se 在 300~400 ℃开始挥发，如在试样溶液干燥之前加入 Ni，使 Se 生成硒化镍，可将灰化温度提高到 1 200 ℃，如加入 Cu，也有类似作用。

(8) 采用标准加入法

标准加入法是一种消除化学干扰的行之有效的方法，使用较广，但同时有可能引起灵敏度的降低。

综上所述，化学干扰是多种多样的，消除干扰的方法也将因产生干扰的具体情况不同而不同。时至今日，虽然有些干扰机理尚不清楚或不完全清楚，但大多数情况下，化学干扰还是可以消除的。

（二）物理干扰及其消除方法

1. 物理干扰的产生和来源

物理干扰是指试样在转移、蒸发和原子化过程中，由于试样的任何物理变化而引起的原子吸收强度变化的效应。物理干扰是一种非选择性干扰，对试剂中各元素的影响基本上是相似的。如溶液的黏度、溶剂的蒸气压、雾化器压力、吸样毛细管的直径和长度以及浸入试剂溶液中的深度，都会影响进样速度，从而影响所分析元素的原子化效率。

2. 消除物理干扰的方法

(1) 配制与分析试样组成相似的标准系列溶液制作校正曲线，这是最常用的方法。

(2) 配制与分析试样组成相似的标准系列溶液有困难时，可用标准加入法，可以提高测定的准确度。

(3) 试样中分析元素浓度较高时，在灵敏度能满足要求的情况下，可以采用稀释溶液的方法减小或消除物理干扰。

(4) 用双道原子吸收光谱仪时，以待测元素与内标元素的原子吸收强度比制作校正曲线进行定量，可以有效地消除物理干扰。

(5) 在电热原子吸收光谱法中，加入某种化学改进剂与待测元素生成难挥发化合物，可以消除在干燥与灰化过程中的物理干扰。

（三）电离干扰及其消除方法

1. 电离干扰的产生和来源

电离干扰是由于原子在火焰中电离而引起的效应。待分析元素在火焰中形成自由原子之后发生电离，使基态原子数目减少，导致测定吸光度值降低，校正曲线在高浓度区弯向纵坐标。在通常使用的乙炔-空气火焰中，电离电位小于 5 eV 的碱金属强烈地电离，电离电位为 5.21~6.11 eV 的元素不容易电离，电离电位大于等于 7.5 eV 的元素很少电离或不电离。在氧化亚氮-乙炔高温火焰中，碱金属 Li、Na、K、Rb 和 Cs 的电离度分别为 63.8%、78.9%、98.4%、99.1% 和 99.7%，在测定时必须考虑电离的影响。元素的电离电位越低，火焰的温度越高，这种干扰现象就越显著。

2. 消除电离干扰的方法

降低电离干扰的方法有：

（1）控制火焰的温度

火焰温度越高，电离干扰越大，电离的原子数随着火焰温度的降低而减少，降低火焰温度可以达到抑制干扰的目的，因此，可以根据元素的电离电位，适当地降低火焰温度。

（2）加入消电离剂

在标准溶液和试样中加入电离电位低的消电离剂，可以提供大量的自由电子。一般情况下，消电离剂的电离电位越低，效果越好。消电离剂是一种电离度比被测元素更低的元素，由于它比被测元素更容易电离，在火焰中它会优先被电离，从而抑制或消除被测元素的电离。常用的消电离剂有 CsCl 和 KCl 等，消电离剂的浓度不能太大，否则会产生基体效应或容易堵塞燃烧器缝口。

（四）光谱干扰及其消除方法

光谱干扰是指与光谱发射和吸收有关的干扰效应，主要来自吸收线重叠干扰，以及在光谱通带内多于一条吸收线和在光谱通带内存在光源发射的非吸收线。它是由于光源、样品或仪器使某些不需要的辐射光被检测器测量所引起的，这种干扰会使灵敏度下降，工作曲线发生弯曲。当在光谱通带内存在光源的几条发射线，而且被测元素对这几种辐射光均产生吸收，这就产生干扰。如镍灯除发射 Ni 232.00 nm 谱线外，还有 Ni 231.98 nm 谱线与 Ni 232.92 nm 谱线，每条谱线的发射强度和吸收系数各不相同，它们分别对总的吸收强度的贡献不同，所测得的吸光度不一致。当多重吸收线和主吸收线的波长相差不是很小，则可通过减小狭缝宽度来消除多条发射线吸收引起的干扰，但狭缝宽度过小对信噪比是不利的。当波长相差很小时，减小狭缝很难消除干扰，并会使信噪比降低，这时需另选谱线。

原子吸收光谱法是测定样品中金属元素的一种快速有效的方法，应用广泛。在原子吸收光谱分析法的分析过程中会出现物理干扰、化学干扰、电离干扰、光谱干扰和背景干扰，各种干扰因素对测定结果有一定影响，应采用相应的措施对干扰因素进行消除，以获得可靠的测定结果。

二、原子荧光光谱分析中的主要干扰类型及其消除

（一）光谱干扰及其消除方法

光谱干扰是指在测量的光谱通带内，除被测元素辐射的荧光外，还有来自光源或原子化器的干扰辐射光、散射光和因其他元素产生的与被测元素的荧光谱线重叠而引起的光谱重叠干扰。

1. 散射光干扰来自原子化过程未挥发的气溶胶或水蒸气形成的细小微粒，对光源辐射光产生散射而产生的干扰。在氢化反应中，被测定元素氢化物被 Ar 载带，先进入气液分离器，再进入石英炉原子化器，就可大大减少散射光的干扰。

2. 谱线重叠干扰一般由空心阴极灯阴极含有的杂质元素辐射出谱线而引起，但在原子荧光光谱分析中是在与光源互相垂直（或为 45°~60°）方向观测荧光辐射，因此，谱线重叠干扰易于排除。

（二）液相干扰及其消除方法

1. 液相干扰的产生

液相干扰是指在液相进行氢化反应的过程中对生成氢化物速率产生的干扰，其原因如下：

（1）某些金属元素的化合物可被 $NaBH_4$ 还原成金属以沉淀形式析出，或待测元素与干扰元素之间形成难溶于酸的化合物，它们都会降低氢化物的释放效率，导致产生负干扰。

（2）被测元素的不同价态会影响氢化物发生速率和效率，如 As（Ⅲ）比 As（Ⅴ）的氢化物发生速率要快，且产生荧光信号的强度大 1.5 倍；Sb（Ⅴ）氢化物测定的灵敏度只有 Sb（Ⅲ）氢化物的 50%。当进行氢化反应时，应将高价态元素先还原成低价态后，再进行氢化反应。

(3) 当干扰离子浓度比待测离子浓度大 100 倍时，会产生严重干扰，并消耗大量 $NaBH_4$ 还原剂。

2. 液相干扰的消除方法

（1）增加氢化反应的酸度，并使用强氧化性酸（如 HNO_3），可使生成的干扰物沉淀溶解。

（2）加入络合剂掩蔽干扰离子。

（3）使用低浓度 $NaBH_4$ 溶液进行氢化反应，可避免将干扰金属离子还原成金属沉淀，并减少对氢化物的吸附。

（4）改变氢化物生成方式，如采用连续流动或断续流动方式，可减少液相干扰。

（5）对试样溶液预先进行干扰离子的分离。

（三）气相干扰及其消除方法

气相干扰是指氢化物由氢化反应器经气液分离器进入石英炉原子化器的过程中产生的传输干扰，以及在石英炉原子化器内部产生记忆效应的干扰。

消除气相干扰，可采用以下措施：

（1）消除传输干扰，应使气液分离器中没有影响气体通过的死角，并且与石英炉原子化器的连接管路不要太长。

（2）消除记忆效应干扰，应使石英炉原子化器的预热温度低于 400 ℃，并配置对 Ar-H2 火焰的自动点燃装置，就可使记忆效应大幅下降。

【思考与练习】

一、选择题

1. 消除原子吸收光谱分析中化学干扰的方法有（　　）。

A. 加入释放剂　　　B. 使用低温火焰　　C. 加入消电离剂　　D. 加入缓冲剂

2. 消除原子吸收光谱分析中基体干扰的方法有（　　）。

A. 用不含待测元素的空白溶液来调零

B. 减小狭缝宽度

C. 使用标准加入法

D. 标准溶液的基体组成应尽可能与待测样品溶液一致

3. 消除原子吸收光谱分析中光谱干扰的方法有（　　）。

A. 用不含待测元素的空白溶液来调零

B. 减小狭缝宽度

C. 使用标准加入法

D. 标准溶液的基体组成应尽可能与待测样品溶液一致

4. 原子吸收光谱分析的定量方法——标准加入法消除了下列哪种干扰？（　　）

A. 基体效应　　　　B. 背景吸收　　　　C. 光散射　　　　D. 谱线干扰

5. 不能消除原子荧光光谱中干扰荧光谱线的方法是（　　）。

A. 增加灯电流　　　　　　　　　　B. 选用其他的荧光分析线

C. 加入络合剂络合干扰元素　　　　D. 预先化学分离干扰元素

6. 原子吸收分析光谱中，如怀疑存在化学干扰，会采取一些补救措施，下列措施中，（　　）措施是不适当的。

A. 加入释放剂　　　B. 加入保护剂　　　C. 提高火焰温度　　　D. 改变光谱通带

二、简答题

在原子吸收光谱分析中，有哪些消除化学干扰的方法？

第二部分

原子吸收光谱分析的基础理论与仪器操作

学习任务 1　原子吸收光谱分析概述

【学习目标】

1. 掌握原子吸收光谱法的概念以及分类。
2. 掌握原子吸收光谱法的基本术语。
3. 了解原子吸收光谱法的发展以及应用。

【任务描述】

原子吸收光谱法是一种基于测量待测元素的基态原子对其特征谱线吸收程度而建立起来的分析方法。原子吸收光谱法是食品检验中重要的检测方法，如检测食品样品中的元素（铁、铜、砷、铅、汞等）。因此，本任务是学习原子吸收光谱法的概念以及分类，掌握原子吸收光谱法的基本术语，同时能够了解原子吸收光谱法的发展以及应用。

【学前准备】

（一）学习资料

见"信息单"及仪器分析等相关资料。

（二）其他参考资料来源

1.《食品安全指标检测》等相关书籍。
2. 食品中元素相对应的国家标准以及仪器分析类网站和资料等。

（三）思考题

食品元素分析

1. 简述原子吸收光谱法的概念以及分类。
2. 简述原子吸收光谱法的发展及应用。

【信息单】

一、原子吸收光谱法的概念

原子吸收光谱法又称原子分光光度法,是基于待测元素的基态原子蒸气对其特征谱线的吸收,由特征谱线的特征性和谱线被减弱的程度对待测元素进行定性、定量分析的一种仪器分析的方法。

原子吸收光谱法是食品检验中重要的检测方法,如检测食品样品中的元素(铁、铜、砷、铅、汞等)。

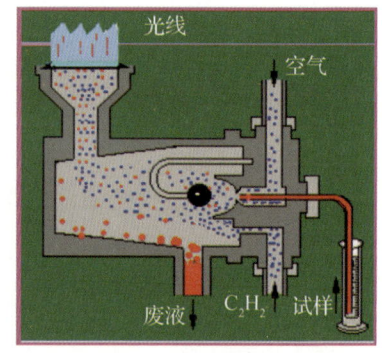

图 2-1-1 火焰原子化法示意图

二、原子吸收光谱法的分类

原子吸收光谱法按其原子化方法的不同可分为火焰原子化法(如原子吸收火焰法)和非火焰原子化法(如原子吸收石墨炉法),分别如图 2-1-1 和图 2-1-2 所示。

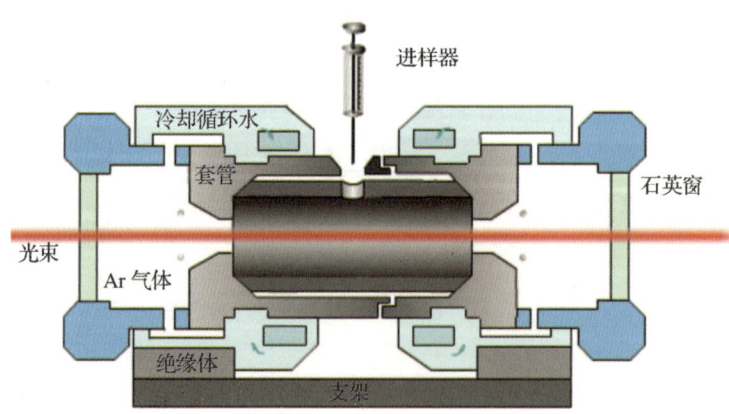

图 2-1-2 非火焰原子化法示意图

三、原子吸收光谱法的基本术语

1. 原子吸收

原子吸收是一种基于待测元素的基态原子对光产生吸收进行元素分析的技术。当原子吸收过程发生时,原子的电子跃迁到较高能级成为激发态。

2. 原子发射

原子发射是一种基于激发态原子向基态原子回迁释放能量(产生发射光)进行元素分析的技术。

3. 原子化

原子化是将被分析元素或其化合物转换成原子蒸气的过程。

4. 火焰原子吸收光谱法

用火焰将欲分析试样中的待测元素转变为自由原子,通过测量蒸气相中该元素的基态原子对其特征电磁辐射的吸收,以确定待测化学元素含量的方法。

5. 非火焰原子吸收光谱法

用非火焰方法(如电热、激光或化学反应等),将欲分析试样中的待测元素转变为自由原子,通过测量蒸气相中该元素的基态原子对其特征电磁辐射的吸收,以确定待测化学元素含量的方法。

6. 吸光度

吸光度为透光率倒数的以 10 为底的对数:$A=\lg(1/T)$,其中 A 为吸光度,T 为透光率。

四、原子吸收光谱法的发展

1802 年,W. H. Wollaston(伍朗斯顿)利用狭缝和棱镜第一次发现太阳连续光谱中的暗线,但当时人们并不知道产生这些暗线的原因,这是原子吸收光谱的最初观测。1814 年 Fraunhofer(夫琅和费)在棱镜后放置了一个望远镜来观察太阳连续光谱,对那些暗线做了粗略的测量,并列成谱图,暗线条数超过 700 条,后来这些线称为夫琅和费谱线(Fraunhofer lines,太阳光谱中的吸收线)。这些线是由于太阳外层的大气吸收了太阳发射的光线所致。1859 年,G. R. Kirchhoff(基尔霍夫)和 R. W. Bunsen(本生)在研究碱金属和碱土金属的火焰光谱时,发现 Na 原子蒸气发射的光在通过温度较低的 Na 原子蒸气时,会引起 Na 光谱线的吸收,产生暗线。将这一暗线与太阳光在同一位置产生的暗线进行对比，证明太阳连续光谱中的暗线正是大气层中的气态 Na 原子对太阳光谱中的 Na 辐射的吸收所引起的。图 2-1-3 所示为可见光光谱图。

图 2-1-3　可见光光谱图

1955 年，澳大利亚物理学家 A.Walsh（威尔兹）发表了著名论文《原子吸收光谱法在分析化学中的应用》，解决了原子吸收光谱法的光源问题，奠定了原子吸收光谱法的基础。1959 年，苏联里沃夫提出电热原子化技术，大大提高了原子吸收的灵敏度。随后发展为石墨炉原子吸收光谱法等。1960 年以后，原子吸收光谱法得到迅速发展，成为测定微量或痕量金属元素的可靠分析方法。原子吸收光谱法因此成为一种重要的痕量分析方法，可以检测 80 多种元素。

五、原子吸收光谱法的应用

原子吸收光谱法广泛应用于国民经济各个领域，包括环境保护科学、材料科学、医药、机械、食品安全、冶金、地质、航空航天、交通和能源等多个领域，用于对样品中的金属元素和部分非金属元素的定性及定量分析。

具体样品的分析方法可以参照最新修订的国家标准。

【思考与练习】

一、选择题

1. 原子吸收光谱是（　　）。

A. 带状光谱　　　　B. 线状光谱　　　　C. 宽带光谱　　　　D. 分子光谱

2. 原子吸收光谱产生的原因是（　　）。

A. 分子中电子能级跃迁　　　　　　　B. 转动能级跃迁

C. 振动能级跃迁　　　　　　　　　　D. 原子最外层电子跃迁

3. 原子吸收光谱法是基于从光源辐射出的待测元素的特征谱线通过样品蒸气时，被蒸气中待测元素的（　　）所吸收。

A. 原子　　　　　B. 基态原子　　　　C. 激发态原子　　　　D. 分子

二、判断题

1. 原子吸收光谱法用标准加入法定量不能消除背景干扰。（　　）
2. 用原子吸收光谱法分析，灯电流小时，锐线光源发射的谱线较窄。（　　）
3. 原子吸收光谱法测定低浓度试样时，应选择次灵敏线。（　　）
4. 原子吸收光谱法测定高浓度试样时，应选择最灵敏线。（　　）

三、填空题

1. 原子吸收光谱法分为＿＿＿＿＿＿和＿＿＿＿＿＿两类。
2. 原子吸收光谱法测定时，当空气与乙炔比大于化学计量时，称为＿＿＿＿火焰，为＿＿＿＿色。
3. 原子吸收光谱法测定时，当空气与乙炔比小于化学计量时，称为＿＿＿＿火焰，为＿＿＿＿色。

四、简答题

什么是原子吸收光谱法？

学习任务 2　原子吸收光谱法的基本原理及仪器结构

【学习目标】

1. 了解原子吸收光谱的产生条件。
2. 能介绍原子吸收光谱仪的基本结构。
3. 能结合原子吸收光谱仪的结构，描述其基本原理。

【任务描述】

原子吸收光谱分析是基于试样蒸气相中被测元素的基态原子对由光源发出的该原子的特征性窄频辐射产生共振吸收，其吸光度在一定范围内与蒸气相中被测元素的基态原子浓度成正比，以此测定试样中该元素含量的一种仪器分析方法。原子吸收光谱法广泛应用于食品检验领域，在进行仪器操作之前应先对原子吸收光谱法与仪器有一定的认识，因此，本任务是学习原子吸收光谱法的产生条件与原理，并掌握原子吸收光谱仪的结构。

【学前准备】

（一）学习资料

见"信息单"及仪器分析等相关资料。

（二）其他参考资料来源

1.《分析化学手册 .3. 原子光谱分析（第三版）》等相关书籍。

2. 食品中元素相对应的国家标准以及仪器分析类网站和资料等。

（三）思考题

1. 原子吸收光谱是如何产生的？

2. 简述原子吸收光谱仪的基本结构。

【信息单】

一、原子吸收光谱法的基本原理

原子吸收光谱法是利用气态原子可以吸收一定波长的光辐射，使原子中外层的电子从基态跃迁到激发态的现象而建立的。

1. 原子吸收光谱的产生

当有辐射通过自由原子蒸气，且入射辐射的频率恰好符合该原子从基态跃迁到较高能态（一般情况下是第一激发态）所需要的能量（或频率）时，该基态原子就会从入射辐射中吸收其能量，产生共振吸收，原子由基态跃迁到激发态，产生原子吸收光谱，如图 2-2-1 所示。

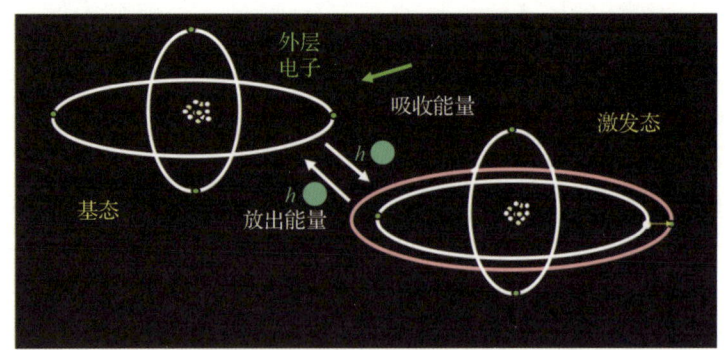

图 2-2-1　原子能量的吸收和发射

原子的能级是量子化的，所以原子对不同频率辐射的吸收也是有选择的，例如，基态铜原子可吸收波长为 324.8 nm 的光量子；基态镁原子可吸收波长为 285.2 nm 的光量子。原子吸收光谱的波长和频率由产生跃迁的两能级的能量差 ΔE 决定：

$$\Delta E = h\nu = h\frac{c}{\lambda}$$

式中　ΔE——两级的能量差，单位为 eV（1 eV=1.602 192×10⁻¹⁹ J）；

　　　λ——波长，单位为 nm；

　　　ν——频率，单位为 s⁻¹；

　　　c——波长，单位为 cm/s；

　　　h——普朗克常数。

原子由基态跃迁到第一激发态所需能量最低，跃迁最容易，此时产生的吸收线称为共振吸收线或第一共振吸收线，该吸收线也是原子吸收光谱法中最主要的分析线，如图 1-2-1 所示。

2. 原子吸收过程

样品经过前处理（微波消解、湿法消解或干法灰化），样品试液喷成细雾，与燃气在雾化器中混合至燃烧器，被测元素在火焰中转化成为原子蒸气（气态的原子蒸气对特征谱线的吸收是原子吸收光谱的基础），气态的基态原子吸收从光源（空心阴极灯）发射出的与被测元素吸收波长相同的特征谱线，该谱线的强度减弱，在经过单色器分光后，由光电倍增管接收，并经过放大器放大，从电信号读出装置中显示出吸收光度值或光谱图。

二、原子吸收光谱仪的基本结构

原子吸收光谱仪由光源、原子化系统、分光系统、检测与控制系统和数据处理系统五部分组成，如图 2-2-2 所示。随机附件结构有冷却系统、自动进样系统、背景校正系统，火焰原子吸收光谱仪配有稳定电源装置、氢化物发生装置及空气压缩机等。这种仪器光路系统结构简单，有较高的灵敏度，价格较低，便于推广，能满足日常分析工作的要求。其最大的缺点是，不能消除光源波动所引起的基线漂移。

（一）光源

光源的功能是发射被测元素的特征共振辐射。对光源的基本要求是：发射的共振辐射的半宽度要明显小于吸收线的半宽度；辐射强度大、背景低，低于特征共振辐射强度的1%；稳定性好，30 min 之内漂移不超过1%；噪声小于0.1%；使用寿命长于5A·h。空心阴极灯是能满足上述各项要求的理想的锐线光源，应用最广，如图2-2-3 所示。

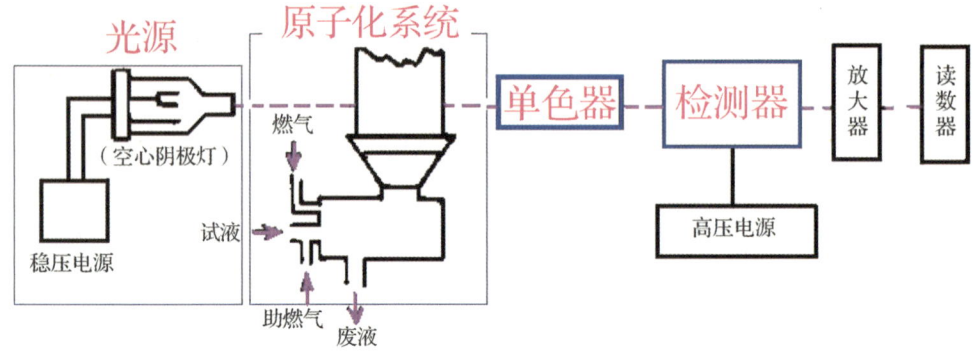

图 2-2-2　原子吸收光谱仪的结构

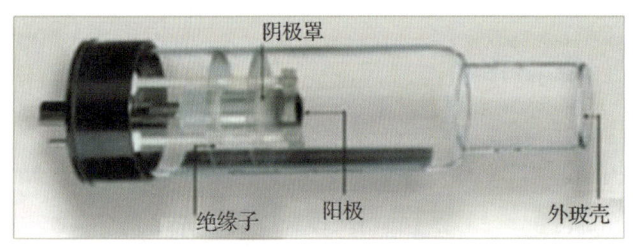 

图 2-2-3　空心阴极灯

（二）原子化系统

原子化系统的功能是提供能量，使试样干燥、蒸发和原子化。在原子吸收光谱分析中，试样中被测元素的原子化是整个分析过程的关键环节。原子化器主要有火焰原子化器、石墨炉原子化器、氢化物发生原子化器和冷蒸气发生原子化器四种类型。实现原子化最常用的有以下两种：

1. 火焰原子化器

火焰原子化器是原子光谱分析中最早使用的原子化器，至今仍被广泛使用。火焰原子化器由雾化器（又称喷雾器）、雾化室（混合室）和燃烧器组成，其结构如图2-2-4所示。

（1）雾化器

将试液喷雾雾化成微小的雾滴。最常用的雾化器是撞击球式雾化器。

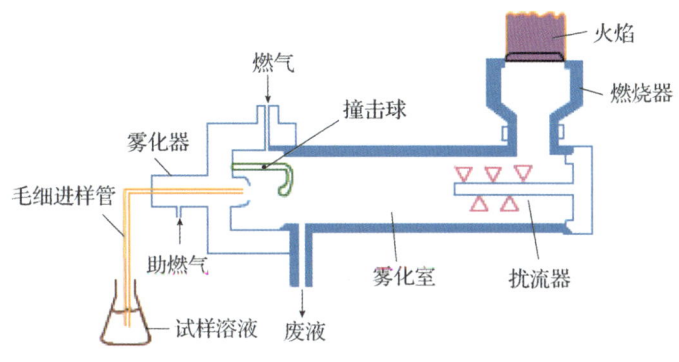

图 2-2-4　火焰原子化器的结构

（2）雾化室

燃气在雾化室内与试液的细小雾滴混合，雾化室内部安装的扰流器，既可使气、液混合均匀，又可使大的液滴聚集后从带有水封的废液口排出。

（3）燃烧器

燃烧器的作用是使样品原子化而产生大量基态自由原子。

火焰是由燃气（还原剂）和助燃气（氧化剂）一起发生激烈的化学反应，燃烧而形成的。为产生尽可能多的基态原子，可以采用改变火焰种类和火焰类型来实现。常见的如乙炔-空气。

2. 非火焰原子化器

非火焰原子化器中应用最广的是石墨炉原子化器，其结构如图 2-2-5 所示。其最大的缺点是原子化效率不高，原子蒸气停留时间短，导致火焰中的自由原子浓度很低。另一个问题是火焰中的化学反应不易控制，造成火焰温度不稳定，火焰各部分的温度不均匀。

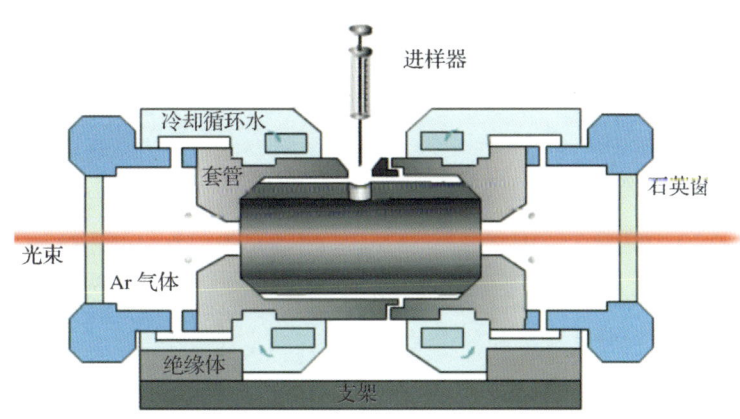

图 2-2-5　石墨炉原子化器

（三）分光系统

分光系统由入射狭缝、出射狭缝、反射镜和色散元件组成，如图 2-2-6 所示。其作用是将所需要的共振吸收线分离出来。分光器的关键部件是色散元件，商品仪器都是使用光栅。原子吸收光谱仪对分光器的分辨率要求不高，曾以能分辨开镍三线 Ni 230.003 nm、Ni 231.603 nm、Ni 231.096 nm 为标准，后采用 Mn 279.5 nm 和 Mn 279.8 nm 代替 Ni 三线来检定分辨率。光栅放置在原子化器之后，以阻止来自原子化器内的所有不需要的辐射进入检测器。

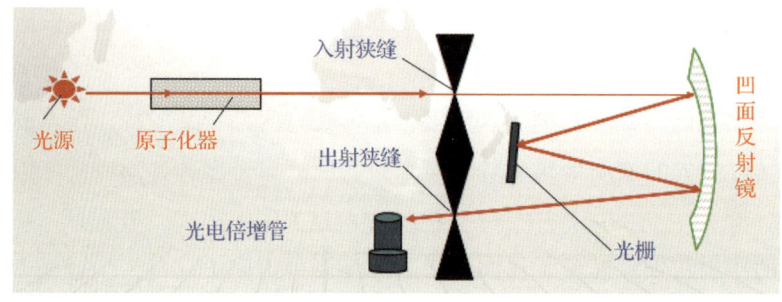

图 2-2-6　分光系统的结构

（四）检测系统

检测系统的作用是完成光电信号的转换，即将光信号转换成电信号，为以后的信号处理做准备。一般广泛使用的检测器是光电倍增管，由于其对不同波段有不同的灵敏度，所以一次曝光只能检测一条谱线。

【思考与练习】

一、选择题

1. 当待测元素与共存元素形成难挥发的化合物时，往往会导致参与原子吸收的基态原子数目减少而使测量产生误差，这种干扰因素称为（　　）。

　　A. 光谱干扰　　　　　B. 化学干扰　　　　　C. 物理干扰　　　　　D. 电离干扰

2. 原子吸收光谱分析中光源的作用是（　　）。

　　A. 提供试样蒸发和激发所需的能量　　　　B. 产生紫外光

　　C. 发射待测元素的特征谱线　　　　　　　D. 产生有足够强度的散射光

3. 原子化器的主要作用是（　　）。

　　A. 将试样中待测元素转化为基态原子

B. 将试样中待测元素转化为激发态原子

C. 将试样中待测元素转化为中性分子

D. 将试样中待测元素转化为离子

4. 在原子吸收光谱分析法中,被测定元素的灵敏度、准确度在很大程度上取决于(   )。

A. 空心阴极灯　　　　B. 火焰　　　　　C. 原子化系统　　　D. 分光系统

5. 用原子吸收光谱法测定某矿石中的铝含量,宜采用的原子化方式是(   )。

A. 贫燃性火焰　　　B. 化学计量火焰　　　C. 冷原子吸收法　　D. 石墨炉原子化法

6. 带光谱是由下列(   )情况产生的。

A. 炽热的固体　　　B. 受激分子　　　　C. 受激原子　　　D. 单原子离子

二、判断题

1. 取放或拆卸空心阴极灯时,应拿灯座,不要拿灯管,以防灯管破裂或污染石英窗口。　　　　　　　　　　　　　　　　　　　　　　　　　　　　　　　　(   )

2. 使用石墨炉时,要特别注意先接通氩气和冷却水,确认氩气和冷却水正常后再开始工作。　　　　　　　　　　　　　　　　　　　　　　　　　　　　　　(   )

3. 如发现石墨锥有污垢要立即清除,防止污垢随气流进入石墨管中,造成测量误差。　　　　　　　　　　　　　　　　　　　　　　　　　　　　　　　　(   )

4. 为保证空心阴极灯所发射的特征谱线的强度,选择的灯电流应量大。(   )

5. 任何情况下,待测元素的分析线一定要选择其最为灵敏的共振发射线。(   )

三、填空题

1. 原子吸收光谱仪的五个组成部分:_____、_____、_____、_____、_____。

2. 原子吸收光谱仪常用的有_____和_____原子化器。

3. 石墨炉原子吸收光谱法的基本原理是试样经灰化或酸消解后,注入原子吸收光谱仪_____中,电热原子化后吸收_____的光,在一定浓度范围,其吸收值与待测元素的原子浓度成_____,与标准系列比较定量。

4. 从_____辐射出_____的特征波长的光,通过石墨炉原子化器,被蒸气中待测元素的_____吸收,通过分光系统,分出被测元素谱线,由_____将光信号转换成电信号。

5. 空心阴极灯主要是由一个_____和一个_____组成。

6. 在原子吸收分析中,能发射锐线光谱的光源有_____、_____和_____等。

7. 空心阴极灯长期闲置不用,应该经常_____,否则会使谱线_____,甚至不再是_____光源。

学习任务3　石墨炉原子吸收光谱仪的操作规程

【学习目标】

1. 能通过操作仪器，描述石墨炉原子吸收的化学反应过程及机理。
2. 能进行原子化参数选择，进行开机和关机等操作。
3. 掌握石墨炉原子吸收光谱仪的操作。
4. 通过任务实施，养成科学严谨的思维，以及主动接受并按时完成工作的积极态度。

【任务描述】

实验室利用原子吸收光谱仪将进行牛奶中铅的检测，现在的任务是熟悉石墨炉原子吸收光谱仪的操作，以便检验快速顺利地进行。

【学前准备】

（一）学习资料

见"信息单"及仪器分析等相关资料。

（二）其他参考资料来源

1.《原子吸收光谱分析技术》等相关书籍。
2. 仪器分析类网站。

（三）思考题

1. 原子吸收光谱仪的开机准备有哪些？
2. 石墨炉原子吸收光谱仪原子化过程中需要注意哪些安全问题？

【任务实施】

（一）仪器及材料

1. 仪器：原子吸收光谱仪。
2. 材料及试剂：标准系列溶液、样液。

（二）工作流程

确定工作任务→查找资料→填写检测任务单→设计方案→修订方案→完成任务。

（三）实施过程

分小组完成石墨炉原子吸收光谱仪的操作。

【信息单】

一、石墨炉原子化化学反应过程及机理

现代石墨炉原子吸收光谱仪分纵向加热和横向加热两类。

1. 石墨炉原子化过程

金属氧化物的还原反应原理如下：

$2MO+C \rightarrow 2M+CO_2 \uparrow$

$2M(NO_3)_2 \rightarrow 2MO+4NO_2+O_2 \uparrow$

$2MO+2NO_2 \rightarrow 2M+N_2+3O_2 \uparrow$

石墨炉高温原子化采用直接进样和程序升温方式，样品需经干燥、灰化、原子化、净化4个阶段，石墨炉原子化过程的工作程序如图2-3-1所示。

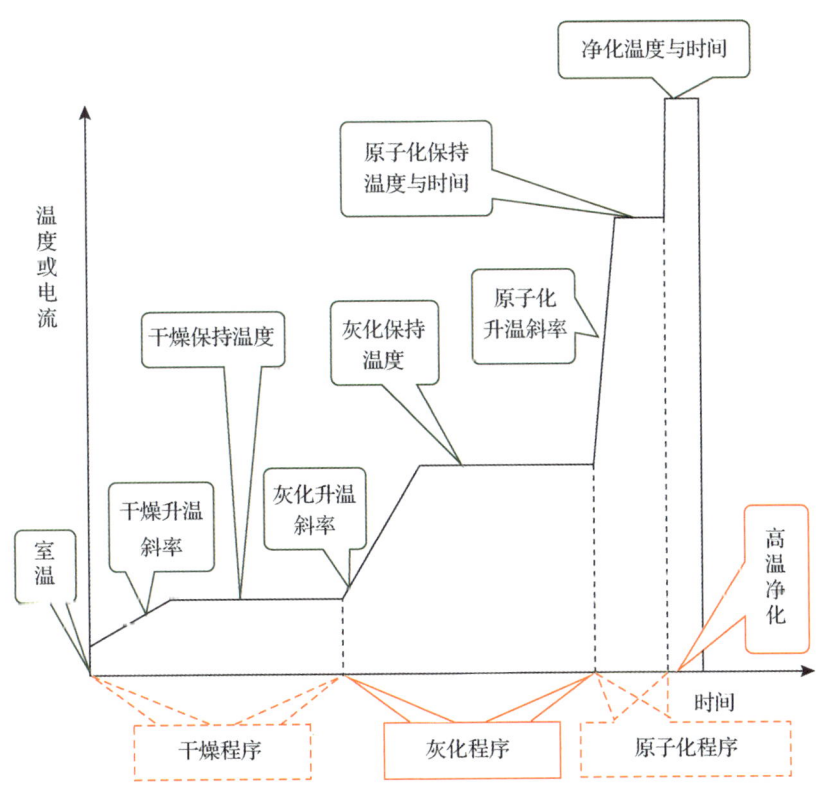

图 2-3-1 石墨炉原子化器的工作程序

2. 石墨炉原子化机理

被测元素干燥之后,在石墨炉中主要发生以下三种反应。

(1) 热解反应

高温石墨炉内发生的热解反应分为氧化物解离型、氯化物解离型和硫化物解离型三种类型。

(2) 还原反应

石墨炉内有较强的碳还原气氛,使一些金属氧化物或由硝酸盐热解而来的氧化物以及由某些金属氯化物氧化而成的氧化物,被碳还原产生自由原子。

(3) 碳化物的生成反应

某些金属元素在石墨炉内的高温作用下,易生成稳定的碳化物,金属元素碳化物非常稳定,甚至在极高温度下也不能完全解离。

二、原子化系统参数选择

1. 原子化温度

样品溶液中的待测元素能否在石墨炉内很好地转化为自由原子蒸气,关键是选择恰当的石墨炉温度。一般样品溶液从液态转变为气态要经过溶剂蒸发、基体去除、待测元素原子化三个阶段,通常称为干燥、灰化、原子化。干燥温度以 80~90 ℃为宜。灰化中,对低温元素来说,不应高于 500 ℃,否则会使待测原子丢失;对高温元素而言,选 1 000~1 700 ℃的灰化温度,都不会使待测原子丢失。为避免被测元素原子挥发损失,通常加入化学改进剂。原子化的目的是将待测原子由其他形态转化为自由原子蒸气。低温元素如铅、镉、铊等,原子化温度通常在 2 200~2 600 ℃之间选择。高温元素如钼、锶、钡、钛等,原子化温度范围是 2 500~2 900 ℃。

在原子化的三个阶段结束后,为了减少对下一样品的分析干扰,还需要增加一个被称为"空烧"的阶段。空烧的目的是清除样品原子化后的残留物。避免石墨管产生所谓的记忆效应。空烧的温度一般略高于原子化温度。

2. 原子化时间

干燥时间的选择。当干燥温度相同时,干燥时间随样品量增加而延长。当样品量相同时,选择的干燥温度低,干燥时间长。水溶液样品的干燥温度选择 80~90 ℃时,样品量为 10 μL,干燥时间大约为 10 s;20 μL 样品量,干燥时间约为 20 s。选择干燥温度低于 80 ℃时,干燥时间需延长 5~10 s。

灰化时间。一般中、低温元素的水溶液样品,样品量为 10~20 μL 时,灰化时间选择 10~20 s 即可。样品量多于 20 μL 的高温元素水溶液，灰化时间可选择 30~50 s。

原子化时间的选择取决于待测样品与元素的情况，原子化阶段所需的温度高，最低也在 1 700 ℃。故原子化持续时间不能太长，否则会大大缩短石墨管的寿命，一般选择 3~6 s 即可。

空烧时间则因其温度比原子化温度高，时间相应缩短，一般为 2~3 s。

3. 升温程序

升温程序是指确定石墨管加热升温的方式，通常有两种方式可供选择，一种是阶梯式升温，另一种是斜坡式升温。斜坡式升温适用于具有不同挥发温度成分的复杂基体样品，或黏稠液样品。不至于因采用同一干燥或灰化温度而发生暴沸或样品损失。

4. 载气与保护气

石墨管如果在空气中加热至高温将很快烧损，并且样品溶液与氧气产生的化学反应也不利于被测元素原子转变为自由原子蒸气。因此，必须采取措施使石墨管在升温过程中与空气隔绝。目前的办法是向炉腔内通入惰性气体，如氩气或氮气，其流量范围一般为 800~2 000 mL/min。管内载气流量多数仪器设置为分挡调节。根据确定的原子化温度，流量一般为 200~600 mL/min。管内载气一般有两种形式：一种是原子化阶段停气，空烧阶段恢复供气；另一种是原子化阶段不停气，但在原子化阶段将载气流量降至 20~40 mL/min，空烧阶段载气恢复原设定流量。

5. 石墨管类型

按照石墨管材料不同分类，有热解涂层石墨管和非热解涂层石墨管。按照石墨管形状不同分类，有直筒形、杯形、凹台形等。分析高温难熔元素，使用热解涂层石墨管优于其他类型石墨管。分析非水溶液的黏稠性样品溶液，则宜使用杯形石墨管。

三、石墨炉原子吸收光谱仪的操作

图示	操作步骤	说明
	1. 确认安装已准确完成后，调节氩气压力为 0.3 ~ 0.5 MPa	

续表

图示	操作步骤	说明
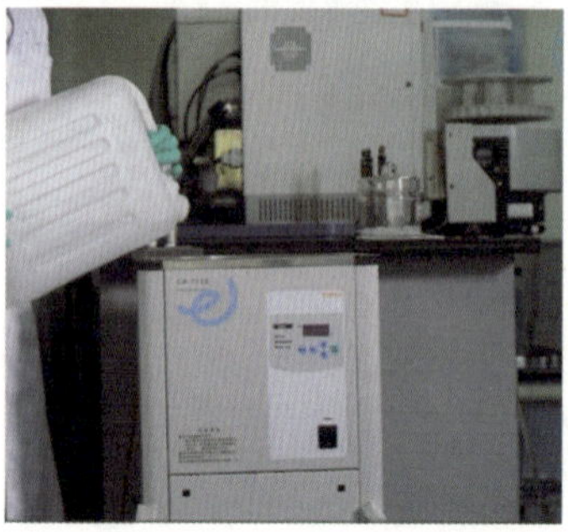	2. 开排风扇和冷却循环水,将冷却循环水温度调节为 20～25 ℃	开启冷却循环水前,加蒸馏水并没过钢圈
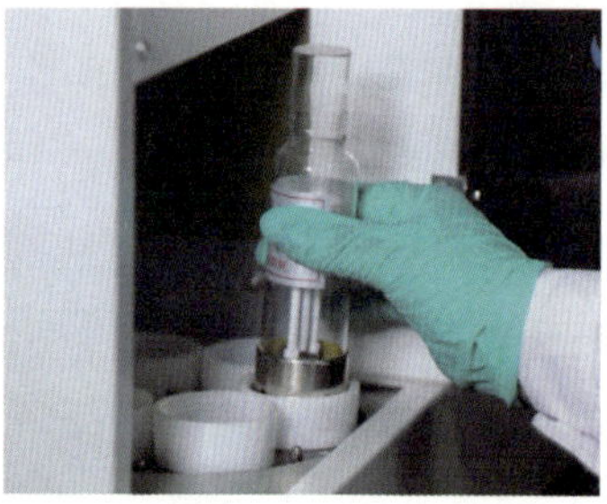	3. 装上铅空心阴极灯	铅空心阴极灯预热 20~30 min
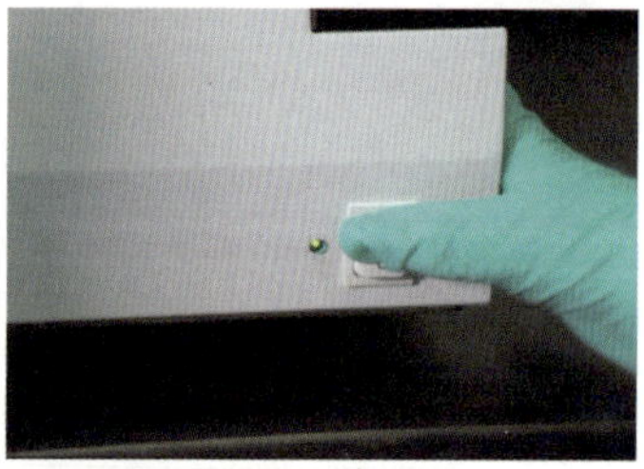	4. 依次打开稳压电源、主机开关和计算机开关	
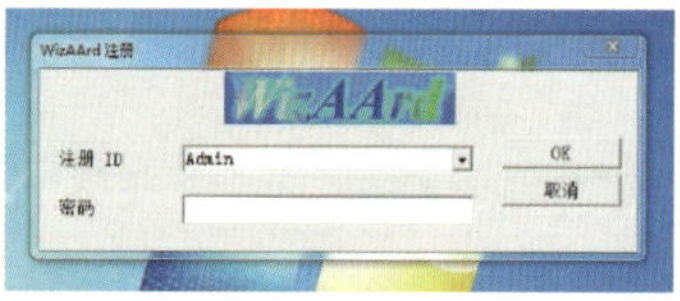	5. 打开 WizAArd 软件,按照石墨炉法进行仪器参数设置	利用原子吸收光谱仪使用说明书和相关国家标准进行参数设置
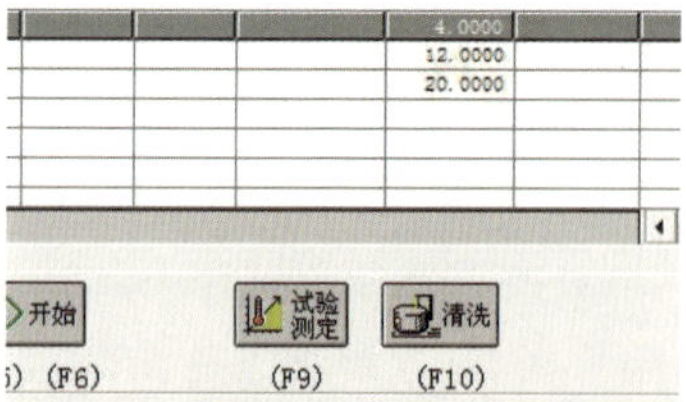	6. 实验完毕,单击"清洗"按钮	对进样针的清洗

续表

图示	操作步骤	说明
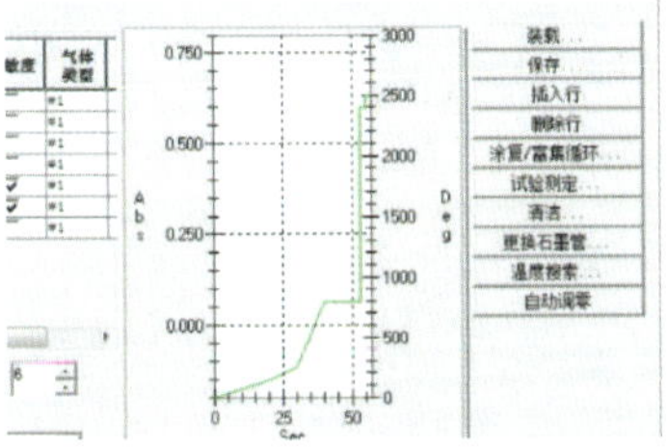	7. 在"石墨炉程序"界面下，单击"清洁"按钮	完成石墨炉的清洁
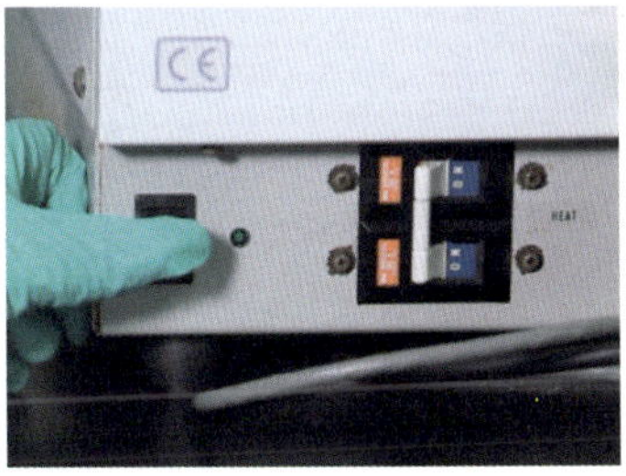	8. 关闭软件，关机。仪器复位，关闭氩气和冷却循环水，填写仪器使用记录。按照7S及相关标准，整理现场及处理废弃物	

【评价反馈】

"石墨炉原子吸收光谱仪的操作规程"考核评价表

素质	内容	评价项目	评价		
	学习目标		自我评价（30%）	小组评价（30%）	教师评价（40%）
知识能力（20分）	应知应会	1. 石墨炉原子化化学反应过程 2. 石墨炉原子化化学反应机理 3. 原子化参数选择			
专业能力（50分）	准备工作（10分）	仪器准备齐全并摆放整齐			
		石墨炉原子吸收光谱仪的开机准备			
	石墨炉原子吸收光谱仪的操作（30分）	氩气压力为 0.3~0.5 MPa			
		排风扇和冷却循环水开启			
		电源开关开启			
		装上铅空心阴极灯			
		进行清洗和石墨炉清洁			
		动作标准，仪器操作熟练			
	遵守安全、卫生要求（10分）	1. 遵守实验室安全规范 2. 遵守实验室卫生规范			

续表

素质	内容		评价		
	学习目标	评价项目	自我评价（30%）	小组评价（30%）	教师评价（40%）
通用能力（20分）	语言能力（5分）	1. 准确阐述自己的观点 2. 专业术语表达准确			
	合作能力（5分）	1. 能与同学配合共同完成任务 2. 具有组织和协调能力			
	发现、解决问题能力（5分）	1. 善于发现实验过程中的问题 2. 自主分析和解决实验中的问题			
	创新能力（5分）	1. 善于总结工作经验 2. 善于体验新的检验方法			
态度（10分）	认真、细致、勤劳	整个实验过程认真、仔细、勤劳			
小计					
总分					

【思考与练习】

一、选择题

1. 原子吸收光谱分析仪的光源是（   ）。

   A. 氢灯　　　　　　B. 氘灯　　　　　　C. 钨灯　　　　　　D. 空心阴极灯

2. 原子吸收光谱分析中，乙炔是（   ）。

   A. 燃气—助燃气　　B. 载气　　　　　　C. 燃气　　　　　　D. 助燃气

3. 在原子吸收光谱分析法中，能够导致谱线峰值产生位移和轮廓不对称的变宽应是（   ）。

   A. 热变宽　　　　　B. 压力变宽　　　　C. 自吸变宽　　　　D. 场致变宽

4. 在石墨炉原子化器中，应采用（   ）气体作为保护气。

   A. 乙炔　　　　　　B. 氧化亚氮　　　　C. 氢　　　　　　　D. 氩

二、判断题

1. 定期拆下石墨管，检查石墨管保护器的情况，确保其内腔和进样孔区域没有疏松的碳粒子和残留的样品。　　　　　　　　　　　　　　　　　　　　　　　　（   ）

2. 自动进样器中的洗瓶、注射器和毛细管组件都需要进行日常维护,通过维护能够最大限度地减少污染,提高分析结果的重复性。（   ）

3. 每天都需要检查毛细管和注射器中是否有气泡。（   ）

三、填空题

1. 石墨平台系统可以分成三部分,分别为_____、_____和_____。

2. 石墨炉原子化器所使用的载气一般为_____、_____,压力一般设定为_____。

3. 如果使用循环冷却水泵冷却石墨炉,水温必须低于_____,水质必须洁净不含腐蚀性物质,流量一般为_____,最大允许压力为_____。

四、简答题

如何对原子吸收光谱仪的自动进样器进行维护?

学习任务 4　火焰原子吸收光谱仪的操作规程

【学习目标】

1. 能通过仪器操作,复述火焰原子吸收的化学反应过程及不同类型火焰的原子化原理。
2. 能进行原子化参数选择,进行开机和关机等操作。
3. 掌握火焰原子吸收光谱仪的基本操作。
4. 通过任务实施,养成科学严谨的思维,以及主动接受并按时完成工作的积极态度。

【任务描述】

原子吸收光谱仪实验室将进行食品中金属元素的检测,现在的任务是进行实验准备,学习火焰原子吸收光谱仪的操作,以便检验快速顺利地进行。

【学前准备】

（一）学习资料

见"信息单"及仪器分析等相关资料。

（二）其他参考资料来源

1. 《元素分析与检测》等相关书籍。

2. 仪器分析类网站。

（三）思考题

1. 不进行仪器预热会对检测结果造成哪些影响？

2. 样液中杂质过多会对检测结果有什么影响？

【任务实施】

（一）仪器及材料

1. 仪器：火焰原子吸收光谱仪。

2. 材料及试剂：标准系列溶液、样液。

（二）工作流程

确定工作任务→查找资料，火焰原子吸收光谱仪的操作流程→设计方案→修订方案→完成任务。

（三）实施过程

分小组完成火焰原子吸收光谱仪的操作。

【信息单】

一、火焰原子化的基本过程及化学原理

1. 火焰原子化的化学反应过程

溶液→雾化（吸喷雾化）→脱溶剂→熔融→升华→蒸发→离解→还原→基态原子。

2. 火焰种类及原子化原理

原子吸收光谱分析中常用的火焰有空气 - 乙炔、空气 - 煤气（丙烷）和一氧化二氮 - 乙炔等火焰。

（1）空气 - 乙炔

此焰温度高（2 300 ℃），乙炔在燃烧过程中产生的半分解物 C^*、CO^*、CH^* 等活性基团，构成强还原气氛，特别是富燃火焰，具有较好的原子化能力。用这种火焰可测定约 35 种元素。

（2）空气 - 煤气（丙烷）

此焰燃烧速度慢、安全、温度较低（1 840~1 925 ℃），火焰稳定透明。火焰背景

低，适用于易离解和干扰较少的元素，但化学干扰多。

（3）一氧化二氮 - 乙炔

由于在一氧化二氮（笑气）中含氧量比空气高，所以这种火焰有更高的温度（约 3 000 ℃）。在富燃火焰中，除了产生半分解物 C^*、CO^*、CH^* 外，还有更强还原性的成分 CN^* 及 NH^* 等，这些成分能更有效地抢夺金属氧化物中的氧，从而达到原子化的目的。

二、原子化系统参数选择

1. 火焰类型

这一参数是选择不同种类的燃气与助燃气搭配来获得不同的火焰温度与火焰特性，用于分析不同性质的样品与待测元素。

（1）氩气 - 氢气火焰由于背景小，温度低（1 900 ℃）的特性，适合分析砷、硒等主分析线位于短紫外区的元素。

（2）空气 - 乙炔的温度大约为 2 300 ℃，用于分析中、低温元素。

（3）一氧化二氮 - 乙炔温度可达 2 700 ℃，用于分析钙、锶、钡、钼等高温元素。

（4）富氧火焰（空气 - 乙炔中添加一定比例的氧气），根据氧气添加量，使之成为温度为 2 700~3 000 ℃ 还原性火焰（黄羽毛火焰），可用于高温元素分析，可以替代气源供给困难的一氧化二氮 - 乙炔火焰，有较好的效果。

2. 火焰的性质

这一参数是指选择燃气与助燃气流量比例来获得不同化学特性的火焰。

3. 火焰高度

这一参数是选择光源辐射光束通过火焰的部位，即光束距离燃烧器缝口的高度。由于不同元素在火焰中的不同区域原子化效率不同，导致吸收灵敏区位置不同，所以仪器均具有手动或自动调节火焰高度的设备和高度指示装置来执行该参数的调节功能。

4. 火焰长度

此参数是指光束通过火焰的长度。即自由原子蒸气参与吸收的光程长度，它与吸光度成正比。仪器对于空气 - 乙炔火焰以及富氧火焰提供的最大长度是 100 nm，一氧化二氮是 50 nm。对于前者，在分析高浓度样品时，可通过旋转燃烧器，改变燃烧器缝口与仪器光轴间的角度，来调整参与吸收的火焰长度。大多数仪器具有手动或自动调节燃烧器旋转角度的机构和角度值指示装置，以执行该参数的调节功能。

5. 火焰温度

火焰温度的调节是通过调节火焰高度，选择火焰性质与火焰类型诸参数来实现的。调整的需要取决于被分析样品及待测元素的性质。

6. 吸液量

此参数是指雾化器单位时间内吸取的溶液量，是影响分析灵敏度的主要因素。吸液量增大，灵敏度提高。但过大的吸液量不但不能提高灵敏度，反而会冷却火焰，导致灵敏度下降。对于可调节雾化器，通过调整毛细管与节流管的相对位置来调整吸液量。

7. 提升量

此参数是指经雾化器进入燃烧器的溶液量，一般用吸液量与废液量之差来衡量。相比吸液量，提升量对分析灵敏度的影响更为显著。提升量多少与雾化器产生的气溶胶细化程度有关。对于可调节雾化器，使用者调整节流管口与撞击球的相对位置，可以改变喷雾状况及气溶胶细化程度，从而改进提升量，生成直径小于 10 μm 的雾滴比例越大，进入火焰的溶胶含量越多，能参与原子吸收的溶液量也越多，则吸收灵敏度提高。

8. 气源压力

此参数是空气压缩机或气体钢瓶调压器的出口压力。不同种类气体的出口压力不同，空气压缩机出口压力视其仪器连接管道长度及仪器供气系统设计要求而定，调整范围为 0.3~0.5 MPa。乙炔钢瓶出口压力调节范围，对于普通空气-乙炔火焰是 0.05~0.08 MPa，对于一氧化二氮-乙炔火焰或富氧空气-乙炔火焰是 0.08~0.1 MPa。氢气钢瓶出口压力设定值为 0.1 MPa 左右，一氧化二氮气钢瓶出口压力设定值为 0.4 MPa 左右，氧气钢瓶出口压力调节范围是 0.1~0.2 MPa。

9. 气体流量

如果调节助燃气的流量，将影响雾化器的喷雾状况及溶液的吸液量。喷雾状况达到最佳状态时的助燃气流量不应随意改变，否则会影响分析灵敏度。对于没有辅助空气的雾化燃烧器系统，通过调节辅助空气流量来改变燃助比时，需要注意增加辅助空气流量后，喷雾状态是否有变化。对于没有辅助空气的空气雾化燃烧器系统，一般只能通过改变燃气流量来调节燃助比。

三、火焰原子吸收光谱仪操作规程

图示	操作步骤	说明
	1. 将原子吸收光谱仪调节至火焰原子化器	
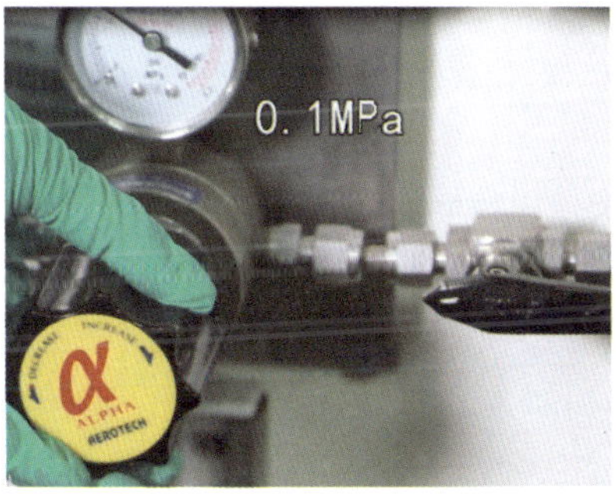	2. 打开乙炔阀门，调节乙炔压力在 0.1 MPa 左右，打开空气压缩机，调节压力在 0.35 MPa 左右	
	3. 安装元素灯。装上相应元素的空心阴极灯，调节灯电流与波长至所需值	
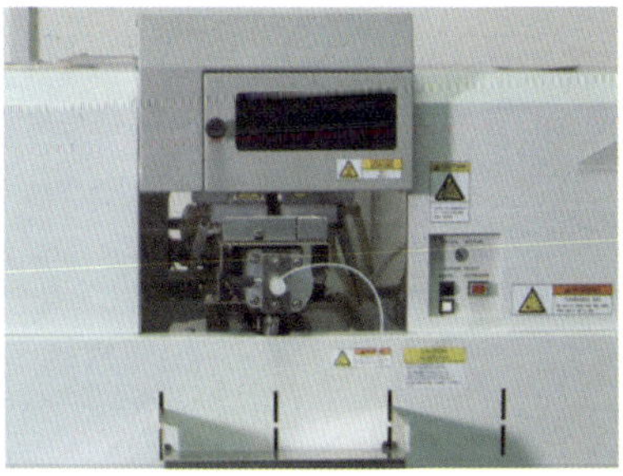	4. 依次打开稳压电源开关、主机开关和计算机开关，预热 30 min	

续表

图示	操作步骤	说明
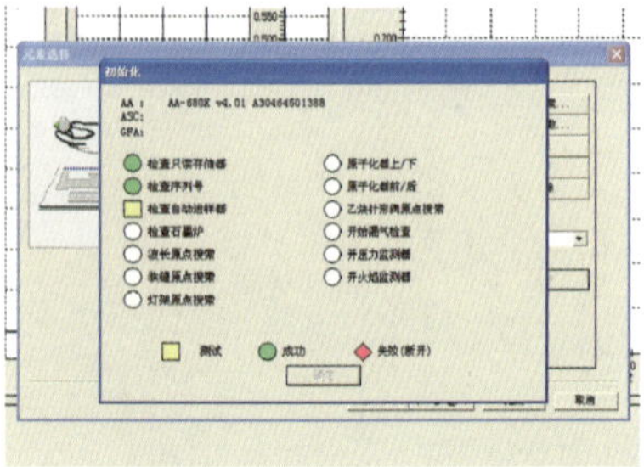	5.双击操作软件，使仪器联机并自动进入操作系统，然后自检	
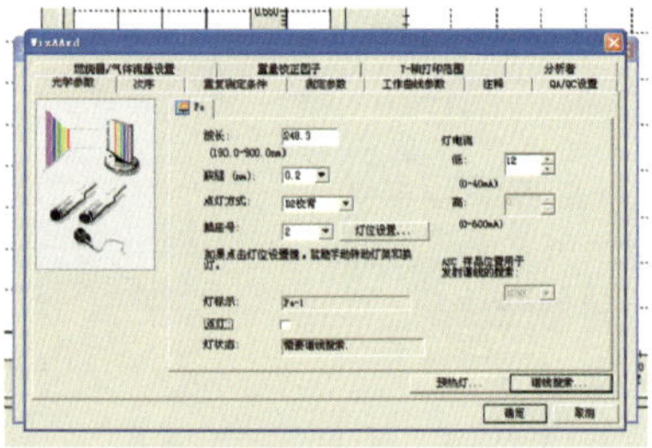	6.在工作站软件窗口中设定仪器测定条件并编辑参数	
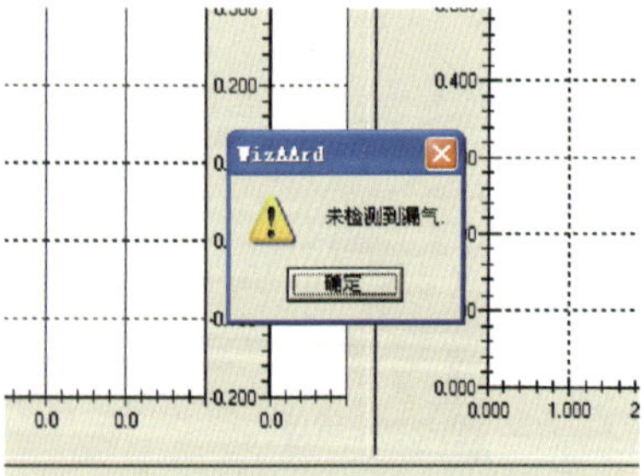	7.漏气检查结束后，按键点火，待火焰稳定后松开点火键	
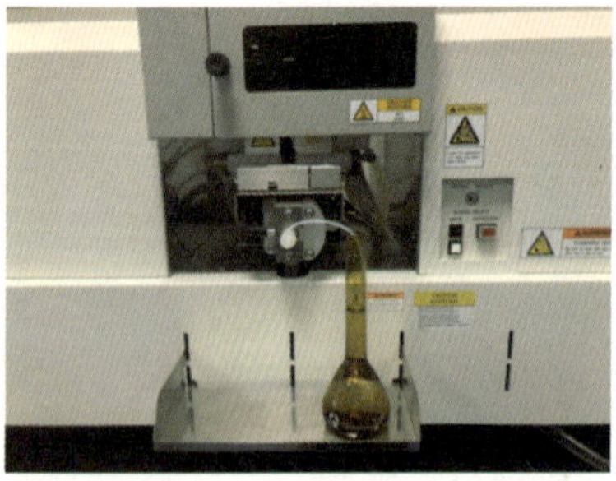	8.取待测标准系列溶液和样液进样检测	

续表

图示	操作步骤	说明
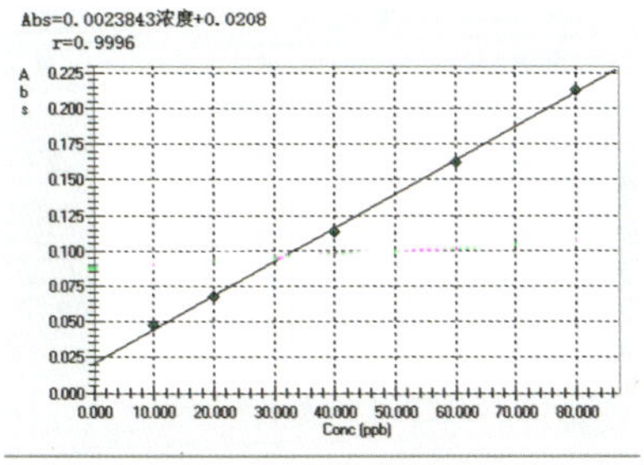	9.依据标准曲线求出样品液中被测物质的含量,做定量分析,并打印标准曲线和样品数据	
	10.用 5% 硝酸清洗火焰原子化器,熄火,关闭原子吸收光谱仪系统各设备所有电源,将仪器复位	

四、注意事项

1. 开机顺序如下:

乙炔阀门→空气压缩机→仪器稳压电源开关→仪器主机开关→计算机开关→软件。

2. 熄火、关机顺序如下:

熄火→软件→计算机开关→仪器主机开关→仪器稳压电源开关→空气压缩机→乙炔阀门。

3. 火焰点燃后,将进样管插入 5% 稀硝酸中,避免干烧或吸入空气中杂质从而对燃烧器造成损坏。

4. 在溶液进样进行检测时,待基线走势稳定后再单击开始,进行测定。

【评价反馈】

"火焰原子吸收光谱仪的操作规程"考核评价表

素质	内容		评价		
	学习目标	评价项目	自我评价（30%）	小组评价（30%）	教师评价（40%）
知识能力（20分）	应知应会	1. 火焰原子吸收的化学反应过程 2. 不同类型火焰的原子化原理 3. 原子化参数的选择			
专业能力（50分）	准备工作（10分）	仪器准备齐全并摆放整齐			
	火焰原子吸收光谱仪的操作（30分）	开机顺序正确			
		参数设定正确			
		软件操作规范			
		进行管路清洗			
		动作标准，仪器操作熟练			
	遵守安全、卫生要求（10分）	1. 遵守实验室安全规范 2. 遵守实验室卫生规范			
通用能力（20分）	语言能力（5分）	1. 准确阐述自己的观点 2. 专业术语表达准确			
	合作能力（5分）	1. 能与同学配合共同完成任务 2. 具有组织和协调能力			
	发现、解决问题能力（5分）	1. 善于发现实验过程中的问题 2. 自主分析和解决实验中的问题			
	创新能力（5分）	1. 善于总结工作经验 2. 善于体验新的检验方法			
态度（10分）	认真、细致、勤劳	整个实验过程认真、仔细、勤劳			
		小计			
		总分			

【思考与练习】

一、选择题

1. 空心阴极灯内充气体是（　　）。
   A. 大量的空气　　　　　　　　　　　　B. 大量的氖或氮等惰性气体
   C. 少量的空气　　　　　　　　　　　　D. 低压的氖或氩等惰性气体

2. 原子吸收光谱法中单色器的作用是（　　）。
   A. 将光源发射的带状光谱分解成线状光谱
   B. 把待测元素的共振线与其他谱线分离开来，只让待测元素的共振线通过
   C. 消除来自火焰原子化器的直流发射信号
   D. 消除锐线光源和原子化器中的连续背景辐射

3. 下列哪一个不是火焰原子化器的组成部分？（　　）
   A. 石墨管　　　　B. 雾化器　　　　C. 预混合室　　　　D. 燃烧器

二、填空题

1. 在一定条件下，吸光度与试样中待测元素的浓度呈_____，这是原子吸收定量分析的依据。

2. 使用火焰原子吸收光谱法时，采用乙炔-空气火焰，使用时应先开_____，后开_____。

3. 空心阴极灯的灯电流选择的原则是在保证放电稳定和有适当光强输出的情况下，尽量选择_____的工作电流。

三、简答题

1. 试画出原子吸收光谱仪的结构框图，各部件的作用是什么？
2. 简述空气-乙炔火焰的种类和相应的特点。

学习任务5　原子吸收光谱仪的维护

【学习目标】

1. 熟悉原子吸收光谱仪维护的操作规程。
2. 掌握原子吸收光谱仪的日常维护方法。

3.通过任务实施,养成科学严谨的思维,以及主动接受并按时完成工作的积极态度。

【任务描述】

元素分析实验是应用原子吸收光谱仪进行牛奶中金属元素的检测,该仪器使用前后都需要进行仪器的维护,以确保仪器各功能部件的正常使用及延长仪器的使用寿命,这是非常重要和必要的。

【学前准备】

(一)学习资料

见"信息单"及仪器分析等相关资料。

(二)其他参考资料来源

1.《元素分析与检测》等相关书籍。

2.仪器分析类网站。

(三)思考题

1.原子吸收光谱仪的原理是什么?

2.原子吸收光谱仪的仪器由哪几部分组成?

【任务实施】

(一)仪器及材料

1.仪器:原子吸收光谱仪,超声波清洗仪。

2.材料:酒精、乙醚、脱脂棉、厚纸或者塑料片、5%稀硝酸、超纯水、标配清洁丝、洗耳球。

(二)工作流程

确定工作任务→查找资料,原子吸收光谱仪的操作流程→设计方案→修订方案→完成任务。

【信息单】

1. 空心阴极灯的维护

(1)打开空心阴极灯电源开关后,应慢慢将灯电流调至规定值,骤然将灯电流升至规定值会使阴极表面发生喷射,影响空心阴极灯的使用寿命,严重时还会使阴极遭到破坏。

（2）使用时不得超过空心阴极灯额定电流，超过空心阴极灯额定电流，阴极材料溅射，寿命缩短，灵敏度降低。

（3）空心阴极灯如长期搁置不用，将会因漏气、气体吸附等原因而不能正常使用，甚至不能点燃。所以空心阴极灯应定期点燃，1个月至少点燃一次（每次点燃2~3 h），以保障空心阴极灯的性能并延长其使用寿命。

（4）取放或装卸空心阴极灯时，应拿灯座，不要拿灯管，更不要碰灯的石英窗口，以防止灯管破裂或污染窗口，导致光能量下降。如发现窗口有油污、手印或其他污垢，可用脱脂棉蘸上1∶3的酒精和乙醚的混合液来轻轻擦拭（潮湿天气可加大乙醚比例）。

（5）空心阴极灯使用一段时间之后会老化，致使发光不稳、强度减弱、噪声增大和灵敏度下降。在这种情况下可用激活器加以激活，或者把空心阴极灯的阴极和阳极反接后，以规定的最大工作电流通电半小时。多数空心阴极灯在经过激活处理后其使用性能在一定程度上得到恢复，延长空心阴极灯的使用寿命。要注意的是，碱金属和除镁以外的碱土金属灯不可反向处理。空心阴极灯老化的判断依据——负高压下，查看灯履历：软件灯位设置→仪器→灯履历→灯寿命。空心阴极灯使用寿命为1 000 h。

（6）使用低熔点元素（如As、Se等）的空心阴极灯时，应避免有较大的振动，用毕不能立即更换其他灯，需要冷却后再换。

（7）空心阴极灯一旦打碎，阴极物质暴露在外面，为了防止阴极材料上的某些有害元素影响人体健康，应按规定对有害材料进行处理，切勿随便乱丢。

2. 原子化器及相关配件的维护

（1）燃烧器位置的确定：在使用火焰法测定时，燃烧器的位置应该使燃烧器头的缝隙直接位于光学通道之下，然而，当取下燃烧器进行清洁等操作后，燃烧器的位置必须重新调试。打开软件中"燃烧器原点调节"对话框，根据提示按步骤操作，确保燃烧器头安装牢固，把燃烧器高度检查卡置于燃烧器头缝的中心，面对灯的方向（见图2-5-1），使用燃烧器前后手动控制旋钮前后移动燃烧器，调节燃烧器高度（见图2-5-2）和角度，使光斑光束位于燃烧器头缝隙正上方且光斑呈半圆。

（2）燃烧器头的清洁：如果燃烧器头的缝隙被碳化物或盐等物质堵塞后，火焰变得不规则或出现分叉的情况，就应该熄灭火焰，等燃烧器冷却后用厚纸或薄的塑料片擦去锈斑和堵塞物，或用5%稀硝酸擦拭燃烧器头的缝隙，或者将燃烧器头置于5%硝酸中，用超声波清洗仪清洗10 min，然后将燃烧器头置于超纯水中，用超声波清洗仪清洗10 min（燃烧器头倒立浸没在超纯水中，不要浸没过多，因为燃烧器头内部可能有自动识别装置），擦干待用。当测定样品有高浓度共存物组分时（如高盐等），可能会附着到燃烧器头缝隙的内壁。因此，测定样品后，务必使用纯净水进样冲洗，保证燃烧器头的清洁。燃烧器头缝隙堵塞前后火焰的形状如图2-5-3所示。

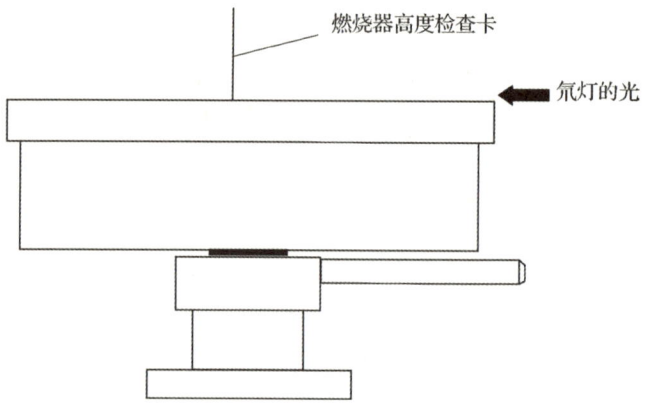

图 2-5-1　燃烧器位置调节

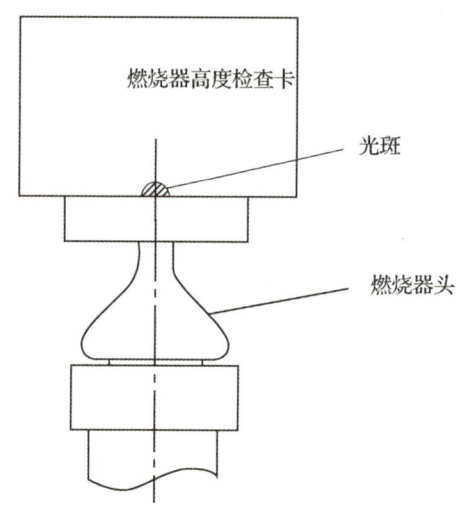

图 2-5-2　燃烧器高度调节

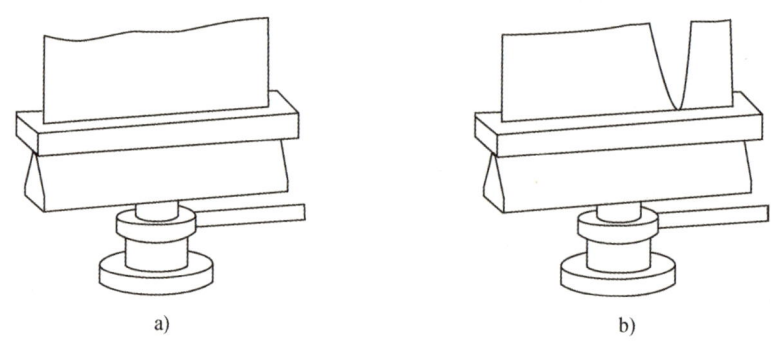

图 2-5-3　燃烧器头缝隙堵塞前后火焰的形状
a）堵塞前　b）堵塞后

（3）雾化器的清洁：如果测定中数据漂移或吸收灵敏度减小，有可能是雾化器毛细管堵塞而引起的。将吸液管直接从雾化器上拔下（不要松开白色塑料螺钉，避免损坏铂金毛细管），然后使用标配的清洁丝从进样孔的位置插入到毛细管中，使之通畅。重新安装好进样管，点火，喷入纯水冲洗后即可。雾化器的结构如图 2-5-4 所示。

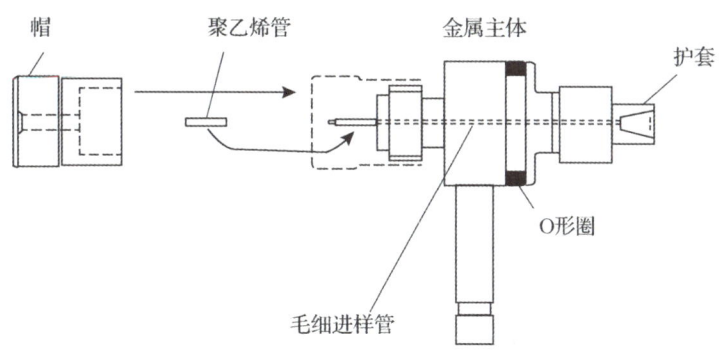

图 2-5-4　雾化器的结构

（4）石墨炉清洁：使用随机配的石墨炉拆卸工具，将石墨帽、石墨锥拆下进行清洁。首先使用酒精将石墨锥、石墨帽的内壁碳粉清洁干净，将温度通光孔通开，并检查石墨锥、石墨帽是否消耗严重，如果发现与石墨管接触的地方已经为凹槽状，必须更换石墨锥、石墨帽。检查石墨锥、石墨帽与冷却块接触的地方是否有腐蚀发生，如果有，可以用 1 000 目砂纸打磨干净（应避免此操作频繁发生）。清洁后重新安装好，并确认升温正常。石墨炉如图 2-5-5 所示。

图 2-5-5　石墨炉

（5）石墨锥清洁：石墨锥如有污物，要立刻清除，防止随气流进入石墨管中，造成测量误差，影响测定结果。用洗耳球吹去石墨锥中污物，或者用（2%~5%）稀硝酸溶液擦拭石墨管锥。

（6）进样针清洗：确定进样针位置，如果进样针位置偏移样品滴洒在石墨管周围，造成对石墨管的腐蚀。进样针污垢应用 5% 稀硝酸溶液清洗，不然会影响石墨管寿命。

（7）更换石墨管：结果重现性不好，背景值过高，可能是由于石墨管烧断，一般石墨管的寿命为烧 1 000 次，可以进行石墨管的更换，每次更换石墨管后需要进行石墨管的老化。

（8）漏气检查：检查气体配管（用户自备）、气体软管（标准装备）和仪器的气体控制部分是否漏气，最好每月定期检查一次。

（9）更换氘灯：仪器配备氘灯的平均寿命为 500 h，高温氘灯和氘灯室非常烫。在更换氘灯之前，关闭电源并等待氘灯已经充分冷却。拿新氘灯要戴手套，不能把指印留在氘灯上，否则留下的污斑会影响光的透射。一旦氘灯被污染了，可用乙醇等擦拭。打开氘灯盖，在插座上插入新的氘灯，要确认是否完全插好。菜单选择"仪器"→"维护保养"→"D2 灯位置"，按步骤进行操作，调节旋钮以调节氘灯位置使读数最大，完成氘灯调节。氘灯的结构如图 2-5-6 所示。

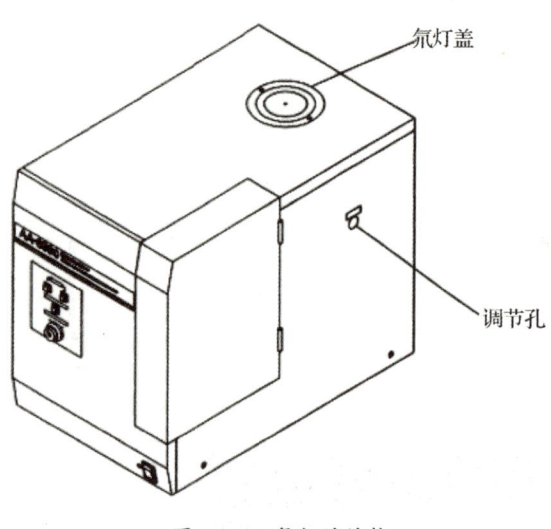

图 2-5-6 氘灯的结构

（10）液封排液系统检查：定期检查废液罐水位，如果水位不够高应及时补水，否则水位开关激活，阻止点火。保证排液管通畅，排液管不能拧转，不能浸入废液的液面之下，否则排液不畅产生噪声，影响重现性。废液可能产生有害气体，应经常清理。

（11）空气压缩机维护：空气压缩机要有除油、除水装置，空气压缩机输出要满足 24 L/min 以上，定期更换空气压缩机机油，并保证每次使用后排出空气缸中的气体。

（12）冷却循环水维护：每 3 个月换一次水，且仪器中加入的水为超纯水或者去离子水，加水至水位线，且加入 3 滴防腐剂。

（13）乙炔的纯度要保证达到 98%，点火前后数据无变化为最好。当乙炔瓶内乙炔的压力低于 0.5 MPa 时必须更换，否则乙炔钢瓶内溶解物会溢出，进入管道，造成仪器内乙炔气路堵塞，不能点火。

（14）氩气纯度只需99%以上即可，氩气主要是为了保护石墨管，使石墨管不被氧化。

【评价反馈】

"原子吸收光谱仪的维护"考核评价表

素质	内容		评价		
	学习目标	评价项目	自我评价（30%）	小组评价（30%）	教师评价（40%）
知识能力（20分）	应知应会	1. 原子吸收光谱仪的维护的操作规程 2. 原子吸收光谱仪的维护方法			
专业能力（50分）	准备工作（10分）	仪器准备齐全并摆放整齐			
	原子吸收光谱仪的维护操作规程（30分）	仪器表面清洁正确			
		原子化器配件维护正确			
		空心阴极灯的维护正确			
		进行管路清洗			
		动作标准，仪器操作熟练			
	遵守安全、卫生要求（10分）	1. 遵守实验室安全规范 2. 遵守实验室卫生规范			
通用能力（20分）	语言能力（5分）	1. 准确阐述自己的观点 2. 专业术语表达准确			
	合作能力（5分）	1. 能与同学配合共同完成任务 2. 具有组织和协调能力			
	发现、解决问题能力（5分）	1. 善于发现实验过程中的问题 2. 自主分析和解决实验中的问题			
	创新能力（5分）	1. 善于总结工作经验 2. 善于体验新的检验方法			
态度（10分）	认真、细致、勤劳	整个实验过程认真、仔细、勤劳			
		小计			
		总分			

【思考与练习】

一、选择题

1. 空心阴极灯中阴极灯的构造是（　　）。
A. 待测元素作阴极，铂丝作阳极，内充低压空气
B. 待测元素作阴极，铂丝作阳极，内充低压惰性气体
C. 待测元素作阴极，钨棒作阳极，灯内抽真空
D. 待测元素作阴极，钨棒作阳极，内充低压惰性气体

2. 原子吸收光谱法是基于气态原子对光的吸收符合（　　），即吸光度与待测元素的含量成正比而进行分析检测的。
A. 多普勒效应　　　　　　　　　B. 光电效应
C. 朗伯-比尔定律　　　　　　　　D. 乳剂特性曲线

二、判断题

1. 在火焰原子化器中，雾化器的主要作用是使试液雾化成均匀细小的雾滴。（　　）
2. 为使分析结果的浓度测量误差在允许的范围内，试液的吸光度必须控制在0.15~0.8之间。（　　）
3. 火焰原子化方法的试样利用率比石墨炉原子化方法的高。（　　）

三、填空题

1. 空心阴极灯如长期搁置不用，将会因漏气、气体吸附等原因而不能正常使用，甚至不能点燃。所以空心阴极灯应定期点燃，_____至少点燃一次，以保持空心阴极灯的性能并延长其使用寿命，且空心阴极灯使用寿命为_____。

2. 如发现空心阴极灯石英窗口有油污、手印或其他污垢，可用脱脂棉蘸上_____的酒精和乙醚的混合液来轻轻擦拭（潮湿天气可加大乙醚比例）。

3. 原子吸收石墨炉法，当结果重现性不好，背景值过高，可能是由于石墨管烧断，一般石墨管的寿命为烧_____，可以进行石墨管的更换，每次更换石墨管后需要进行石墨管的_____。

4. 原子吸收石墨炉法，其配件冷却循环水维护：每_____换一次水，且仪器中加入的水为超纯水或者去离子水，加水至水位线，且加入_____防腐剂。

拓展任务一：空心阴极灯的更换

【学习目标】

1. 能做到熟练地拆卸空心阴极灯。
2. 能做到熟练地安装空心阴极灯。
3. 知道空心阴极灯的特点，并能熟悉更换空心阴极灯的注意事项。
4. 通过任务实施，养成科学严谨的思维，以及主动接受并按时完成工作的积极态度。

【任务描述】

利用原子吸收仪测定食品中元素的含量时需要选定相应元素的空心阴极灯，当待选的空心阴极灯没有待测元素时，需要将暂时不用的空心阴极灯拆卸并安装需要测定的元素的相应空心阴极灯。本任务是要学会空心阴极灯的更换，以便完成后续元素含量的测定任务。

【学前准备】

（一）学习资料

见"信息单"及仪器分析等相关资料。

（二）其他参考资料来源

1. 《原子吸收分析》等相关书籍。
2. 仪器分析类网站。

（三）思考题

1. 空心阴极灯能否在测定过程中随时更换？
2. 空心阴极灯的表面通常有哪些标识？

【任务实施】

（一）仪器及材料

1. 仪器：原子吸收光谱仪、空心阴极灯。
2. 材料及试剂：无。

（二）工作流程

确定工作任务→查找资料→填写检测任务单→设计方案→修订方案→完成任务。

（三）实施过程

分小组完成空心阴极灯的更换。

【信息单】

一、空心阴极灯的结构

空心阴极灯的外部由灯脚、玻璃管、石英窗等几部分构成；内部的阴极涂有待测元素或其合金，阳极由绕有钽丝或钛丝的钨棒制成，管内充有低压惰性气体，如图2-5-7所示。

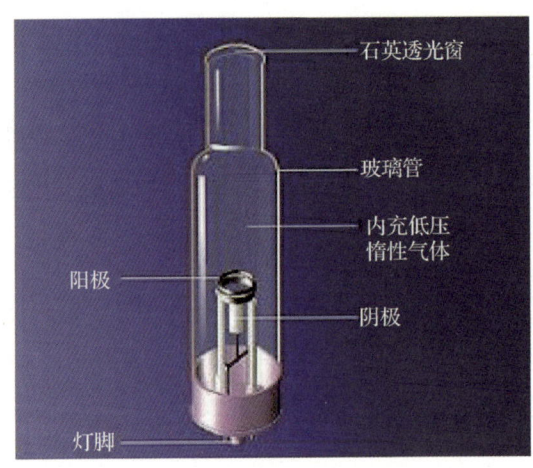

图 2-5-7　空心阴极灯的结构示意图

二、空心阴极灯的工作原理

空心阴极灯是一种低压气体放电灯，空心阴极灯的发光方式是辉光放电。

空心阴极灯的工作原理如图2-5-8所示。在空心阴极灯阴极和阳极之间施加300~500 V电压。阴极发射出的电子在电场的作用下，高速地飞向阳极，并与惰性气体分子碰撞而电离。在电场的作用下，正离子被加速，飞向阴极，造成对阴极表面的猛烈撞击，使金属原子被溅射出来，被溅射的金属原子在阴极放电区内又与飞行中的惰性气体碰撞，使原子被激发而发射出原子的特征谱线。

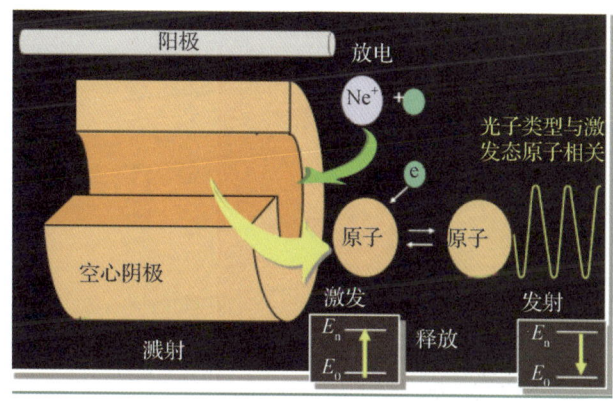

图 2-5-8 空心阴极灯的工作原理

三、空心阴极灯的选择

空心阴极灯有单元素灯、多元素灯、高性能灯（超灯）和多阴极灯等。

图示	操作步骤	说明
	1. 每个空心阴极灯的表面标识列有该灯的参数	
	2. 以锰灯为例，图中椭圆处标明为何种元素的空心阴极灯	

续表

图示	操作步骤	说明
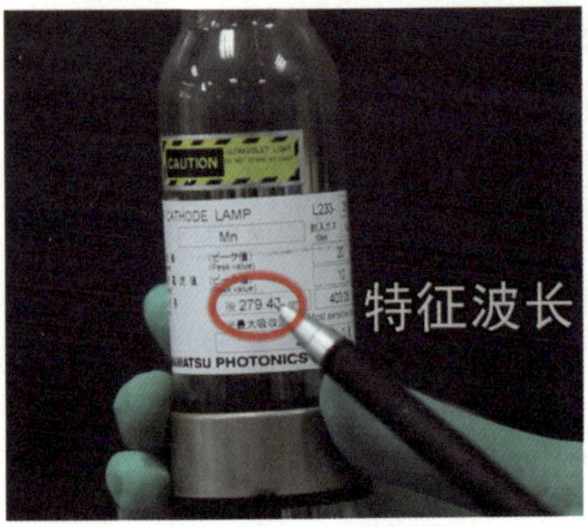	3. 相应的特征波长	
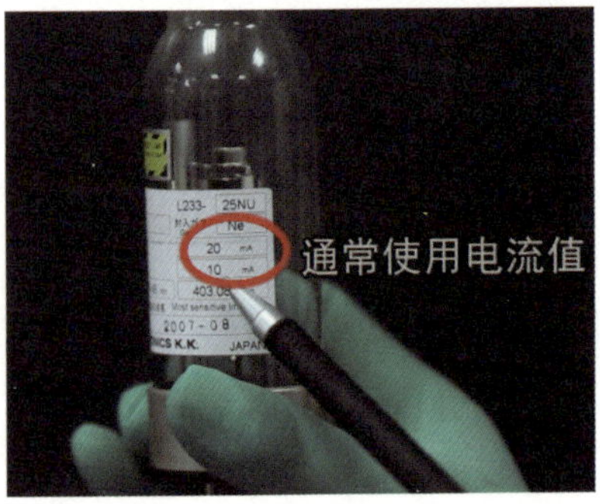	4. 最大电流值和通常使用电流值	灯电流的设置一般在 1~20 mA。不同的空心阴极灯根据需要选用合适的灯电流。灯电流过小，放电不稳定；灯电流过大，溅射作用增强，原子蒸气密度增大，谱线变宽，甚至引起自吸，导致测定灵敏度降低，灯寿命缩短

四、空心阴极灯的拆卸

图示	操作步骤	说明
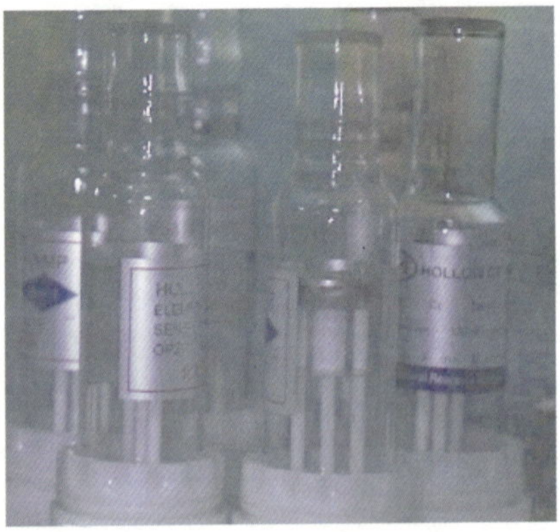	1. 拆卸空心阴极灯时要确认灯处于关闭状态	

续表

图示	操作步骤	说明
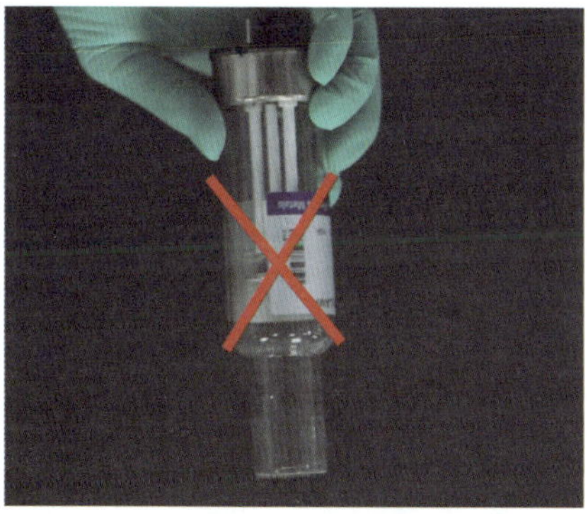	2. 如果是刚刚熄灭的低熔点金属的灯，不能马上取下来，更不能倒置，以防止呈熔融状态的金属从阴极内流出而导致灯的毁坏	
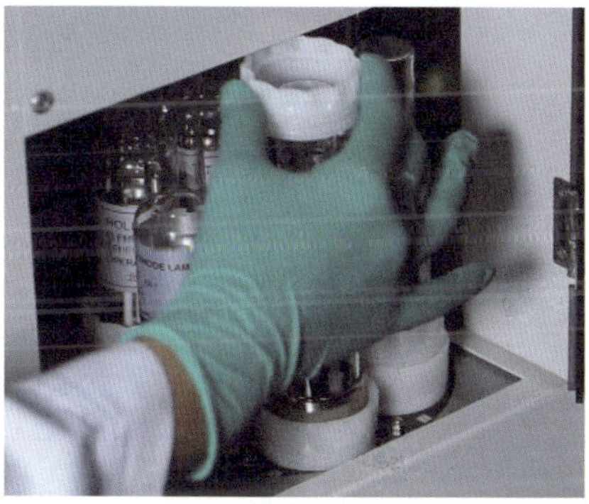	3. 取出空心阴极灯时先将灯固定环旋松并取下	
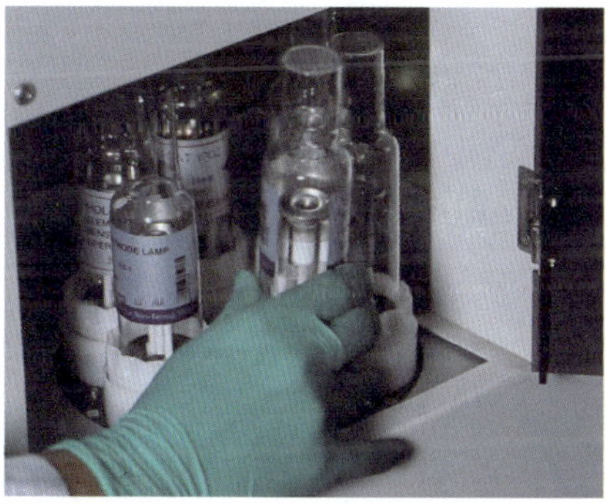	4. 拔出空心阴极灯	
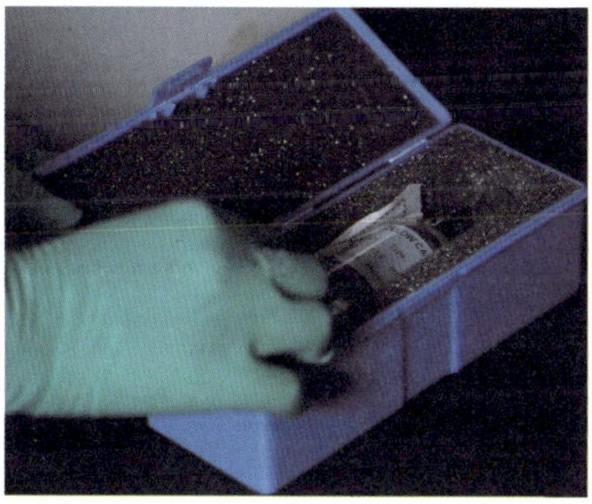	5. 将灯妥善放置	

食品元素分析

五、空心阴极灯的安装

图示	操作步骤	说明
	1. 打开主单元右侧的盖子，灯架上可同时安装6个灯	
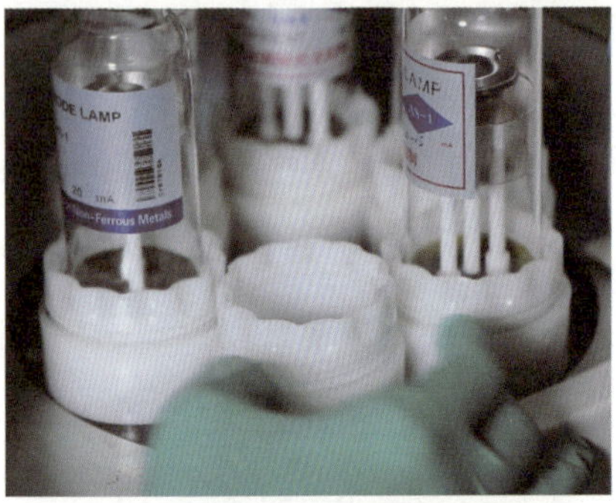	2. 从灯座移去灯固定环	
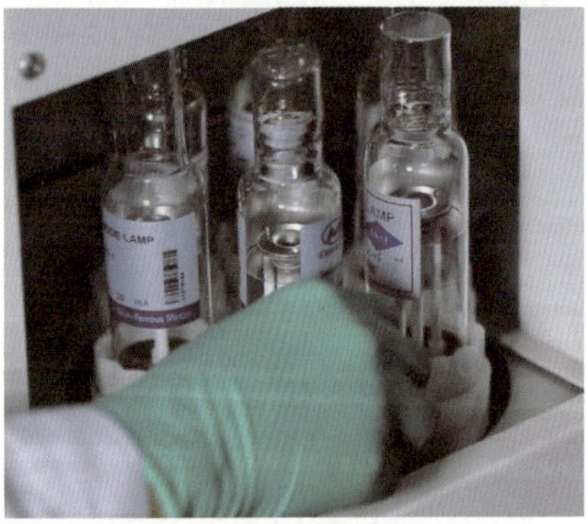	3. 将空心阴极灯插到灯插座中，要确认灯已经插入到了插座的底部	
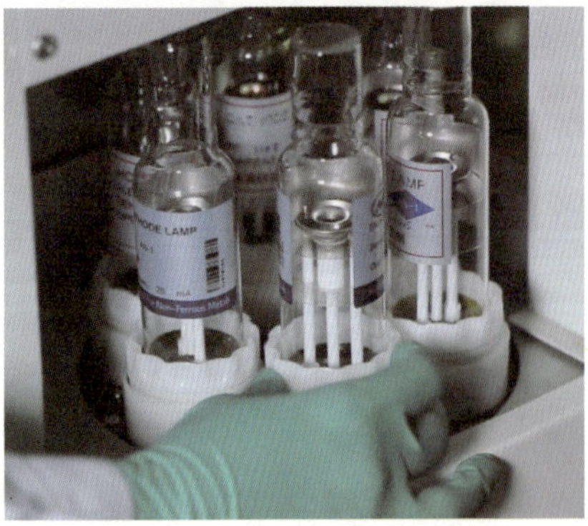	4. 将灯通过灯固定环牢固地固定在灯座上	

更换空心阴极灯的注意事项：

1. 实验中应根据需要选择相应的空心阴极灯并设置合适的灯电流。
2. 更换的过程中时刻注意不要碰到空心阴极灯的石英窗。

【评价反馈】

"空心阴极灯的更换"考核评价表

素质	内容		评价		
	学习目标	评价项目	自我评价（30%）	小组评价（30%）	教师评价（40%）
知识能力（20分）	应知应会	1. 空心阴极灯的结构 2. 空心阴极灯的工作原理			
专业能力（50分）	准备工作（10分）	仪器软件的准备			
		空心阴极灯的选择			
	空心阴极灯的更换（30分）	手持空心阴极灯的方法正确			
		空心阴极灯的拆卸规范			
		空心阴极灯的安装规范			
		拆卸下来的空心阴极灯妥当放置			
		动作标准，仪器操作熟练			
	遵守安全、卫生要求（10分）	1. 遵守实验室安全规范 2. 遵守实验室卫生规范			
通用能力（20分）	语言能力（5分）	1. 准确阐述自己的观点 2. 专业术语表达准确			
	合作能力（5分）	1. 能与同学配合共同完成任务 2. 具有组织和协调能力			
	发现、解决问题能力（5分）	1. 善于发现实验过程中的问题 2. 自主分析和解决实验中的问题			
	创新能力（5分）	1. 善于总结工作经验 2. 善于体验新的检验方法			
态度（10分）	认真、细致、勤劳	整个实验过程认真、仔细、勤劳			
	小计				
	总分				

【思考与练习】

一、选择题

1. 空心阴极灯的主要操作参数是（　　）。
   A. 灯电流　　　　　B. 灯电压　　　　　C. 阴极温度　　　　　D. 内充气体的压力

2. 空心阴极灯中对发射线半宽度影响最大的因素是（　　）。
   A. 阴极材料　　　　B. 阳极材料　　　　C. 内充气体　　　　　D. 灯电流

3. 空心阴极灯内充的气体是（　　）。
   A. 大量的空气　　　　　　　　　　　　B. 大量的氖或氩等惰性气体
   C. 少量的空气　　　　　　　　　　　　D. 少量的氖或氩等惰性气体

二、判断题

1. 空心阴极灯一旦打碎，会影响人体健康，应按规定对有害材料进行处理，切勿随便乱丢。（　　）

2. 空心阴极灯的发光强度与工作电流有关，增大电流可以增加发光强度，因此灯电流越大越好。（　　）

3. 低熔点金属的空心阴极灯使用完毕，要等冷却后才能移动。（　　）

4. 当空心阴极灯的灯电流增加时，发射强度增加，分析灵敏度亦将提高，因此，增加灯电流是提高灵敏度的最有效途径。（　　）

5. 在空心阴极灯中对发射线半宽度影响最大的因素是灯电压。（　　）

三、填空题

1. 评价一个空心阴极灯的优劣主要看_____、_____、_____以及_____。

2. 与氘灯发射的带状光谱不同，空心阴极灯发射的光谱是_____的光谱。

3. 空心阴极灯的阳极一般是_____，而阴极材料则是_____，管内通常充有_____。

拓展任务二：石墨管的更换

【学习目标】

1. 掌握判断石墨管达到使用寿命的方法。
2. 掌握石墨管的更换方法。
3. 掌握石墨管更换的意义。
4. 通过任务实施，养成科学严谨的思维，以及主动接受并按时完成工作的积极态度。

【任务描述】

原子吸收实验室将进行食品中元素的分析检测，现在的任务是进行仪器准备，将石墨炉原子吸收光谱仪的石墨管进行更换，以便检验快速顺利地进行。

【学前准备】

（一）学习资料

见"信息单"及仪器分析等相关资料。

（二）其他参考资料来源

1. 《原子吸收光谱分析技术》等相关书籍。
2. 仪器分析类网站。

（三）思考题

1. 石墨管的作用是什么？石墨管污染后会造成哪些影响？
2. 更换石墨管时有哪些注意事项？

【任务实施】

（一）仪器及材料

1. 仪器：原子吸收光谱仪。
2. 材料：镊子、石墨管。

（二）工作流程

确定工作任务→查找资料，确定石墨管更换所需的物品清单→清点所需任务清单→设计方案→修订方案→完成任务。

（三）实施过程

分小组完成石墨炉中石墨管的更换，通过查阅资料，确定所需物品清单，并完成表 2-5-1。

表 2-5-1　　　　　　　　　　　实验物品清单

序号	材料名称	作用

【信息单】

一、石墨管

石墨炉原子吸收光谱仪于 1970 年商品化后，因其较高的灵敏度和相对低廉的价格，被广泛应用于环境监测、医药卫生、食品、化工等。其分析方法的灵敏度取决于石墨炉及其工作过程，而石墨管是石墨炉原子化器的关键元件。石墨管是由高纯石墨粉通过特定工艺压制成的石墨制品，如图 2-5-9 所示。

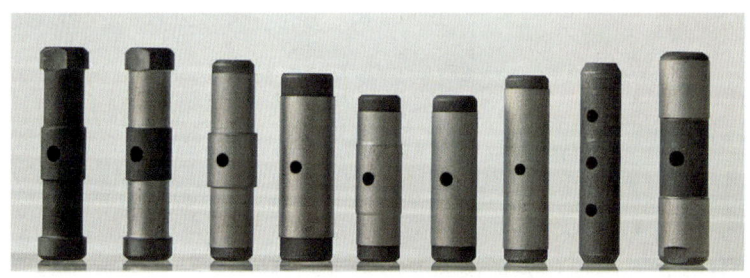

图 2-5-9　不同型号石墨管

二、石墨管类型

石墨炉法需要根据待测元素及样品选择适合的石墨管，现在普遍使用的石墨管有三种，即高密度石墨管、热解涂层石墨管和平台石墨管。

1. 高密度石墨管

高密度石墨管（见图 2-5-10）可用于测定各种元素，特别是原子化温度低的元素，如 Cd、Pb、Na、Zn、Mg 等，也适用于检测灵敏度要求低的分析或高浓度样品的分析。

2. 热解涂层石墨管

热解涂层石墨管（见图 2-5-11）适用于易和石墨管的主要组分碳结合的元素，如 Ni、Ca、Ti、Si、V、Mo 等。

3. 平台石墨管

平台石墨管（见图 2-5-12）适用于基体复杂的样品分析，如生物样品、排放水、海水等。

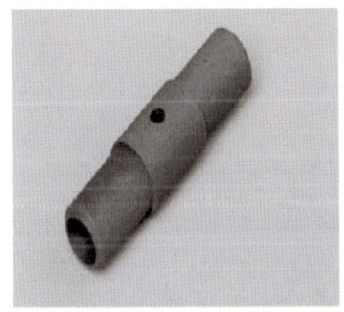
图 2-5-10　高密度石墨管

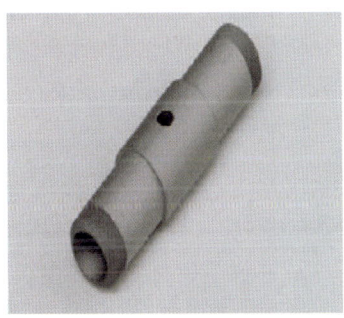
图 2-5-11　热解涂层石墨管

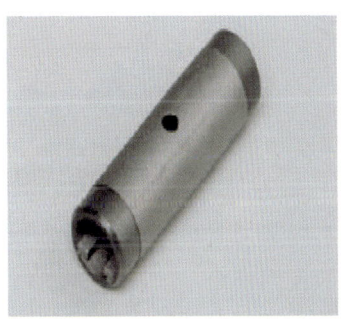
图 2-5-12　平台石墨管

三、判断石墨管达到使用寿命的方法

为保证原子吸收光谱仪安全稳定地运行以及分析结果的真实、可靠，应该正确判断石墨管是否达到使用寿命，并及时更换石墨管。

1. 从外观判断

当石墨管进样口的外面有明显灼烧后的管壁变薄的现象；进样口变大；管体表面出现明显的蜂窝状；管体呈现腰鼓状时，如图 2-5-13 所示，说明石墨管需要更换。

2. 根据标准溶液吸光度值判断

当更换新的石墨管后，重复测定标准样品浓度，记录吸光度值，此值作为参考值。当石墨管使用到一定次数后，比较标准样品的吸光度值变化情况，如果吸光度值与参考值出入较大，如图 2-5-14 所示，说明石墨管需要更换。

图 2-5-13　需要更换的石墨管

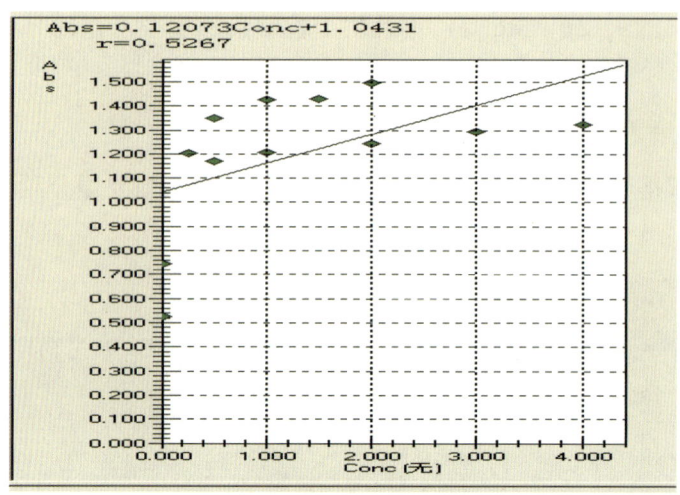

图 2-5-14　（铅）标准溶液吸光度测定图谱

3. 根据使用次数来判断

如果分析样品较为单一且频率固定，可以根据石墨管的使用次数来初步判断石墨管的使用寿命，如图 2-5-15 所示，在"更换石墨管"界面，可检查石墨管使用次数。

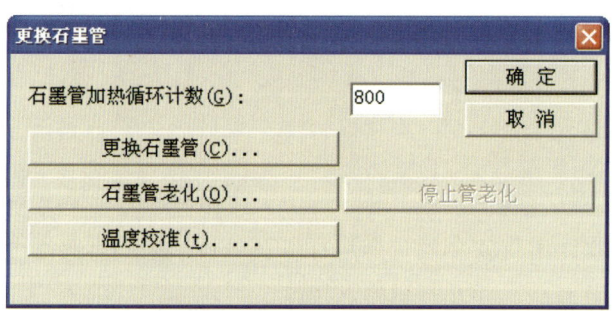

图 2-5-15　"更换石墨管"界面

4. 根据测定结果的重显性及相对标准偏差（RSD）值判断

测定结果的 RSD（relative standard deviation，相对标准偏差）值，如图 2-5-16 所示，如果明显变大且大于 15%，并重复出现，则说明石墨管需要更换。

5. 根据分析结果的峰形判断

当分析结果中原子化阶段的峰形有拖尾现象（见图 2-5-17），可结合前面所述的标准来判断是否需要更换新的石墨管。

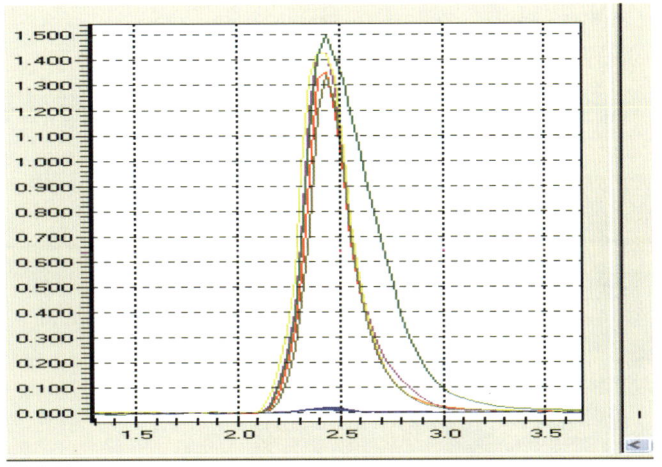

图 2-5-16 测定的 RSD 值界面

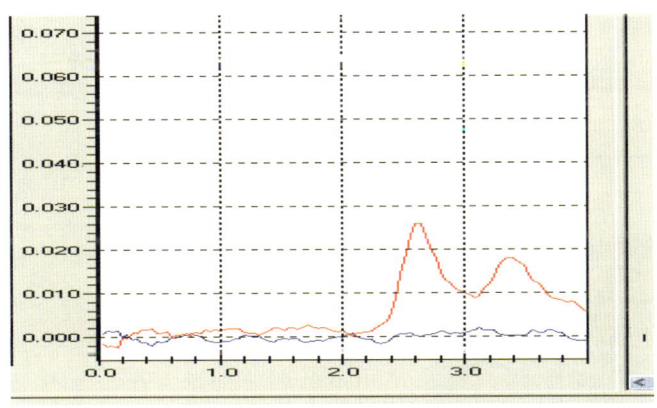

图 2-5-17 测定的峰形图谱

四、石墨管使用寿命的影响因素

石墨管使用寿命的影响因素主要包括石墨管的种类、测定样品的种类、浓度、进样量、升温程序、样品中酸的含量及种类、进样针的位置、排风抽取系统的流量、温度监测是否异常、石墨管安装是否正确、冷却系统是否异常、保护气体的流量及纯度等。

五、石墨管的更换

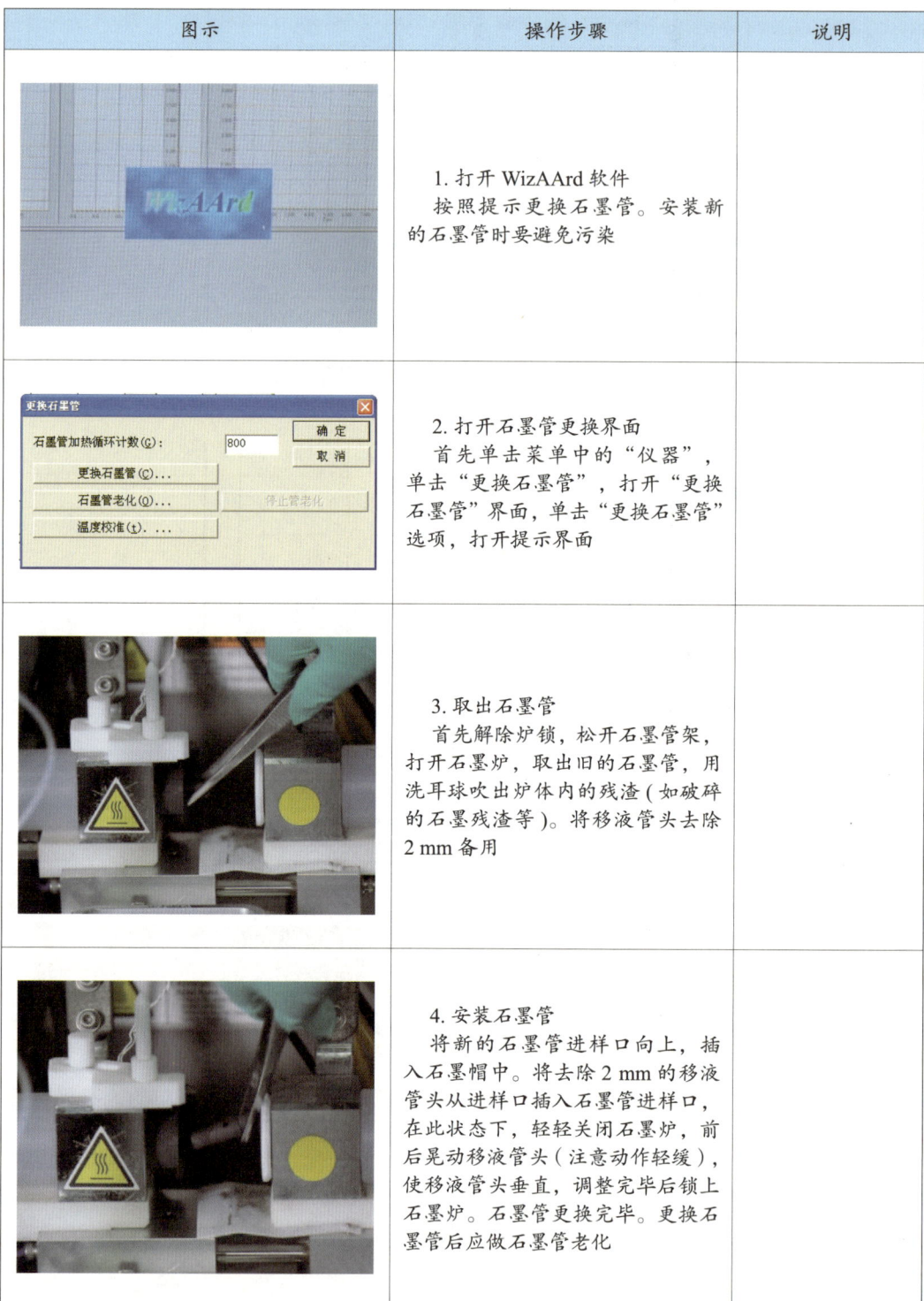

图示	操作步骤	说明
	1. 打开 WizAArd 软件 按照提示更换石墨管。安装新的石墨管时要避免污染	
	2. 打开石墨管更换界面 首先单击菜单中的"仪器"，单击"更换石墨管"，打开"更换石墨管"界面，单击"更换石墨管"选项，打开提示界面	
	3. 取出石墨管 首先解除炉锁，松开石墨管架，打开石墨炉，取出旧的石墨管，用洗耳球吹出炉体内的残渣（如破碎的石墨残渣等）。将移液管头去除 2 mm 备用	
	4. 安装石墨管 将新的石墨管进样口向上，插入石墨帽中。将去除 2 mm 的移液管头从进样口插入石墨管进样口，在此状态下，轻轻关闭石墨炉，前后晃动移液管头（注意动作轻缓），使移液管头垂直，调整完毕后锁上石墨炉。石墨管更换完毕。更换石墨管后应做石墨管老化	

续表

图示	操作步骤	说明
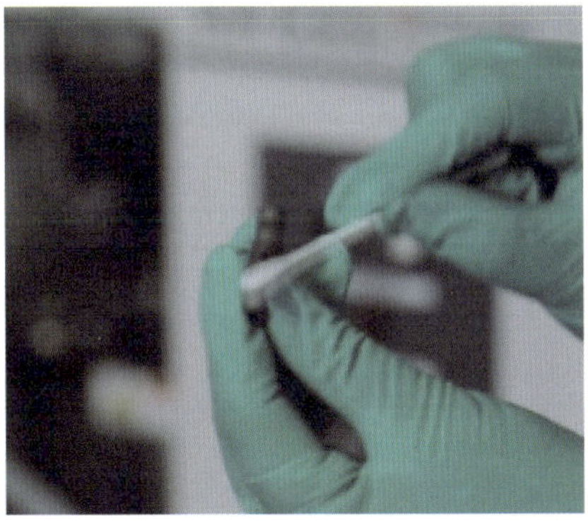	5. 若要继续使用旧的石墨管可以使用棉签和洗耳球进行清洁，即可再次使用	
	6. 进样头位置调整 调整自动进样器的进样头位置，打开"石墨炉管口位置"界面，单击"向石墨管附近移动"按钮，移动自动进样器的进样头	
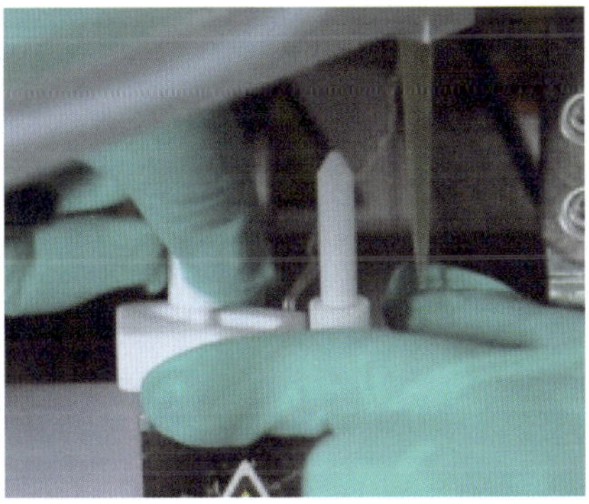	7. 拧松石墨炉的进样臂导轨固定螺钉	
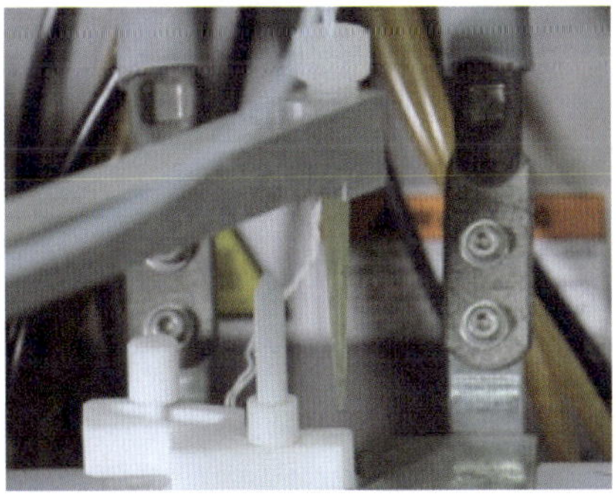	8. 设定脉冲数，降下进样头	

续表

图示	操作步骤	说明
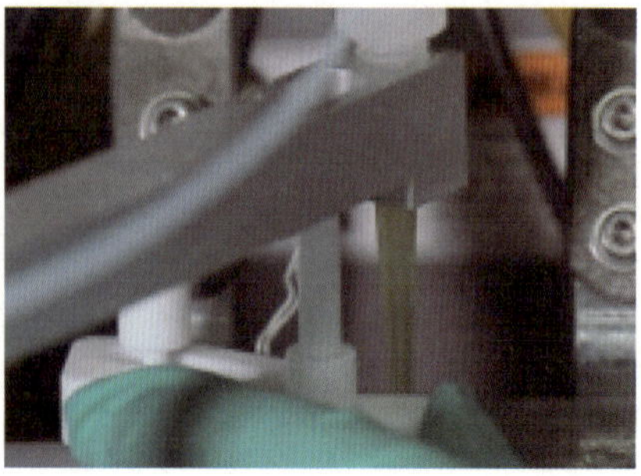	9. 在进样头接近进样口时，旋转自动进样器台上的"前后、左右位置调整旋钮"，调整进样头高度及位置	
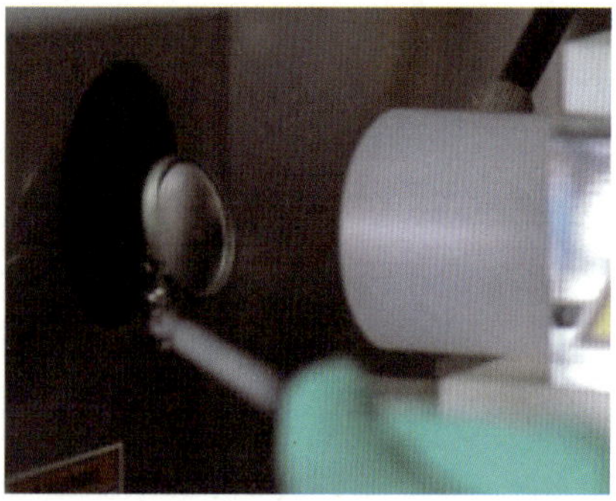	10. 用观察镜观察石墨管的内部，慢慢下降进样头的位置，使进样头的前端接近石墨管底部，以进样头前端与石墨管底部留有少许空隙为宜，小心地拧紧进样臂导轨固定螺钉，单击"确定"按钮。进样头位置调整完毕	

【评价反馈】

"石墨管的更换"考核评价表

素质	内容	评价项目	评价		
	学习目标		自我评价（30%）	小组评价（30%）	教师评价（40%）
知识能力（20分）	应知应会	1. 更换石墨管的意义 2. 更换石墨管的方法 3. 判断石墨管达到使用寿命的方法			

续表

素质	内容		评价		
	学习目标	评价项目	自我评价（30%）	小组评价（30%）	教师评价（40%）
专业能力（50分）	准备工作（10分）	仪器准备齐全并摆放整齐			
		更换工具的准备			
	石墨管更换（30分）	软件操作正确			
		取出石墨管的方法正确			
		吹扫炉体			
		安装新石墨管的方法正确			
		进样头位置调整正确			
		动作标准，仪器操作熟练			
	遵守安全、卫生要求（10分）	1. 遵守实验室安全规范 2. 遵守实验室卫生规范			
通用能力（20分）	语言能力（5分）	1. 准确阐述自己的观点 2. 专业术语表达准确			
	合作能力（5分）	1. 能与同学配合共同完成任务 2. 具有组织和协调能力			
	发现、解决问题能力（5分）	1. 善于发现实验过程中的问题 2. 自主分析和解决实验中的问题			
	创新能力（5分）	1. 善于总结工作经验 2. 善于体验新的检验方法			
态度（10分）	认真、细致、勤劳	整个实验过程认真、仔细、勤劳			
	小计				
	总分				

【思考与练习】

一、选择题

1. 下列关于石墨管的表述，错误的是（　　）。

A. 热稳定性好

B. 具有很高的抗压强度

C. 具有良好的耐酸性和耐碱性

D. 多用于承受各种强烈磨损、强酸和碱腐蚀的地方

2. 普遍使用的石墨管不包括（　　）。

A. 高密度石墨管　　　　　　　　B. 热解涂层石墨管

C. 平台石墨管　　　　　　　　　D. 低密度石墨管

二、判断题

1. 高密度石墨管可用于测定各种元素，特别是原子化温度低的元素。（　　）

2. 平台石墨管适用于基体复杂的样品分析。（　　）

三、简答题

1. 简述石墨管达到寿命的判断方法。

2. 简述石墨管使用寿命的影响因素。

拓展任务三：雾化燃烧系统的维护

【学习目标】

1. 掌握雾化燃烧系统的结构及基本维护。
2. 掌握雾化器和燃烧器的结构及维护方法。
3. 通过任务实施，养成科学严谨的思维，以及主动接受并按时完成工作的积极态度。

【任务描述】

在原子吸收光谱仪中，火焰原子化装置是最常见的一种装置，它将待测元素转变成基态原子蒸气，原子吸收分析的灵敏度由原子化系统决定，因此，雾化燃烧系统的燃烧至关重要。本任务是要学会雾化燃烧系统的维护，以便完成后续元素含量的测定任务。

【学前准备】

（一）学习资料

见"信息单"及仪器分析等相关资料。

（二）其他参考资料来源

1.《原子吸收光谱分析技术》等相关书籍。

2. 仪器分析类网站。

（三）思考题

1. 原子化系统的作用是什么？

2. 原子化系统应如何进行维护？

【任务实施】

（一）仪器及材料

1. 仪器：原子吸收光谱仪。

2. 材料：镊子、常用清洗试剂。

（二）工作流程

确定工作任务→查找资料，确定雾化燃烧系统维护所需的物品清单→清点所需任务清单→设计方案→修订方案→完成任务。

（三）实施过程

分小组完成雾化燃烧系统的维护，通过查阅资料，确定所需物品清单，并完成表2-5-2。

表 2-5-2　　　　　　　　　　实验物品清单

序号	材料名称	作用

【信息单】

一、雾化燃烧系统的维护

雾化燃烧系统（见图 2-5-18）是将待测元素转变成基态原子蒸气，原子吸收分析的灵敏度由原子化系统决定。因此，在实验完成后，应继续点火，喷入去离子水约 10 min，以清除雾化燃烧系统中的任何微量样品、溢出的溶液，特别是有机溶液液滴，应予以清除，废液应及时处理。每周应对雾化燃烧系统清洗一次，若分析样品的浓度较高，则每天分析完毕后都应清洗一次。

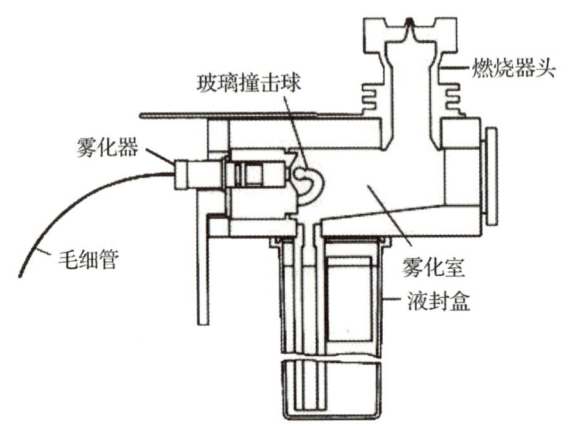

图 2-5-18　雾化燃烧系统示意图

1. 雾化器的维护

雾化器的作用是将试液雾化，要求雾化效率高（一般为 10%~12%），雾滴细，喷雾稳定。

如发现进样量过小，则可能是毛细管被堵塞，若毛细管被气泡堵塞，可将它从溶液中取出，通压缩空气，并用手指轻轻弹动即可；若被溶质或其他物质堵塞，可点火喷纯溶剂，如无改善，可用软细金属丝清除；若仍然不通，则应更换毛细管。

2. 雾化系统的维护

雾化系统的结构如图 2-5-19 所示。

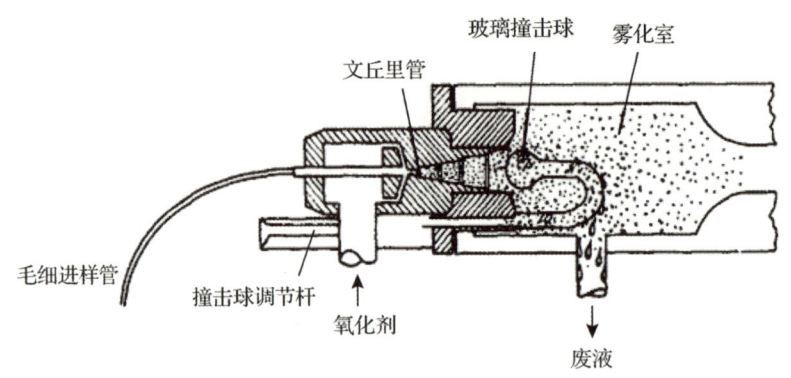

图 2-5-19　雾化系统的结构

图示	操作步骤	说明
	（1）雾化室必须定期清洗，清洗时可先取下燃烧器，可用去离子水从雾化室上口灌入，让水从废液管排走。若喷了浓酸、碱溶液及含有大量有机物的试样后，应马上清洗	注意检查排液管下水封是否有水
	（2）清洗雾化室接头及对玻璃撞击球各部分进行清洁	

二、燃烧系统的维护

燃烧系统的结构示意图如图 2-5-20 所示。燃烧器的长缝点燃后应呈现均匀的火焰，若火焰不均匀，长时间出现明显的不规则变化——缺口或锯齿形，说明缝被碳、无机盐沉积物或溶液液滴堵塞，需清除。可把火焰熄灭后，先用滤纸插入擦拭。如不起作用可吹入空气，同时用单面刀片沿缝细心刮除，让压缩空气将刮下的沉积物吹掉，但不要把缝刮伤。必要时可以卸下燃烧器，拆开清洗。

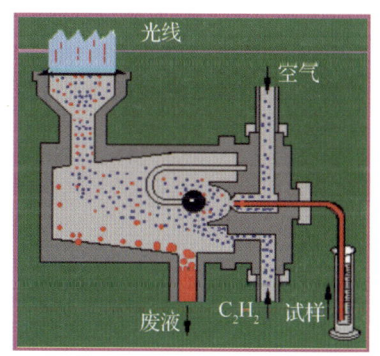

图 2-5-20 燃烧系统的结构示意图

三、用气安全

经常检测氩气、乙炔气和压缩空气的各个连接管道，保证不泄漏；经常检查乙炔的压力，保证压力大于 500 kPa，防止丙酮挥发进入管道而损坏仪器。

【评价反馈】

"雾化燃烧系统的维护"考核评价表

素质	内容		评价		
	学习目标	评价项目	自我评价（30%）	小组评价（30%）	教师评价（40%）
知识能力（20分）	应知应会	1. 雾化燃烧系统的意义 2. 雾化燃烧系统的维护方法			
专业能力（50分）	准备工作（10分）	仪器准备齐全并摆放整齐			
		实验用具完备			
	仪器维护（30分）	雾化器维护			
		燃烧器维护			
	遵守安全、卫生要求（10分）	1. 遵守实验室安全规范 2. 遵守实验室卫生规范			
通用能力（20分）	语言能力（5分）	1. 准确阐述自己的观点 2. 专业术语表达准确			
	合作能力（5分）	1. 能与同学配合共同完成任务 2. 具有组织和协调能力			
	发现、解决问题能力（5分）	1. 善于发现实验过程中的问题 2. 自主分析和解决实验中的问题			
	创新能力（5分）	1. 善于总结工作经验 2. 善于体验新的检验方法			
态度（10分）	认真、细致、勤劳	整个实验过程认真、仔细、勤劳			
	小计				
	总分				

【思考与练习】

一、选择题

1. 每周应对雾化燃烧器系统清洗一次，若分析样品浓度较高，则（　　）分析完毕后都应清洗一次。

A. 每天　　　　　　B. 每小时　　　　　　C. 每个月　　　　　　D. 每年

2. 分析任务完成后，应继续点火，喷入去离子水约（　　）min，以清除雾化燃烧系统中的任何微量样品、溢出的溶液，特别是有机溶液滴，应予以清除，废液应及时处理。

A. 160　　　　　　　B. 40　　　　　　　　C. 20　　　　　　　　D. 10

二、判断题

1. 在火焰原子化器中，雾化器的主要作用是使试液雾化成均匀细小的雾滴。
（　　）

2. 在火焰原子化器中，雾化器的主要作用是使试液变成原子蒸气。　（　　）

三、简答题

雾化燃烧系统维护有哪些注意事项？

学习任务 6　原子吸收光谱仪常见故障及解决方法

【学习目标】

1. 掌握原子吸收光谱仪的常见故障及解决方法。
2. 掌握原子吸收光谱仪使用注意事项。
3. 能够合理、科学地解决实验过程中存在的问题。
4. 能够安全、合理地使用仪器。

【任务描述】

原子吸收光谱法是食品检验中重要的检测方法，在测试过程中仪器的维护和保养是实验的关键因素，因此，本任务的主要目的是掌握仪器常见的故障问题并能够合理地进行分析，安全地进行操作。

【学前准备】

（一）学习资料

见"信息单"及仪器分析等相关资料。

（二）其他参考资料来源

1.《仪器分析》等相关书籍。

2.仪器分析类网站及资料等。

（三）思考题

1.原子吸收光谱仪测定时有哪些常见故障？

2.原子吸收光谱仪在使用过程中有哪些注意事项？

【信息单】

一、原子吸收光谱仪使用过程中的常见故障

1. 火焰测试灵敏度低

检查燃烧器原点位置、雾化器是否堵塞、火焰是否正常等；查看仪器条件，测量条件，调整燃烧器高度以及燃气、助燃气流量比等参数，以获得最佳的数据结果。

2. 点不着火

检查燃气、助燃气压力，并将出口完全打开，保证气体流量。检查是否有溶解物流入管路，保持管路清洁。

3. 重现性差

确认雾化效果是否正常、排废液是否通畅。石墨炉方式下，确认空白是否过大、进样针位置是否调整好、进样管路中是否有气泡、注射器体积设置是否正常、石墨炉升温程序是否合适。

4. 石墨炉水压过高或过低

检查水压传感器是否正常，如果使用自来水应安装过滤装置。

5. 加热开关打不开

检查石墨锥、石墨帽是否正常，检查石墨管是否正常，检查石墨炉导轨移动是否顺畅，检查弹簧松紧是否正常。

二、原子吸收光谱仪使用注意事项

1. 原子吸收光谱仪（见图 2-6-1）安装在平整的工作台面上，周围洁净、平整。注意，在仪器火焰上方安装排风罩，以避免腐蚀仪器并保证实验人员的健康。

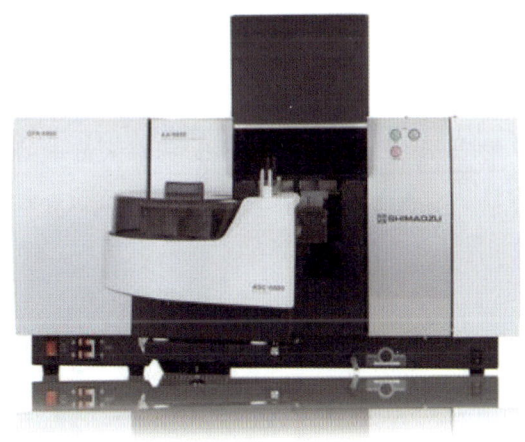

图 2-6-1　实验室用原子吸收光谱仪

2. 在开机前检查线路以及各插头接触是否良好，且狭缝位置准确、面板按钮归零后再正常使用。

3. 空心阴极灯在使用过程中需要预热。注意灯电流要慢慢升高，应避免灯电流突然升高，以免造成仪器损坏。

4. 仪器喷雾中的毛细管是用合金制成的，应避免用高浓度的氟样液清洗，以免对仪器造成损坏。注意对毛细管堵塞等的清除。

5. 各种火焰的点燃和熄灭均应严格遵守以下规则："先开后关，后开先关"即"后开燃气，先关燃气"，输气管路应定期进行漏气检查。可用肥皂水进行漏气检查。

6. 日常分析完毕，应在不灭火的情况下用蒸馏水，对雾化器、雾化室和燃烧器进行喷雾清洗。

7. 单色器中的光学元件严禁用于触摸并且避免擅自调节，可用少量气体吹去其表面灰尘，不允许用擦镜纸擦拭。

8. 乙炔纯度要保证达到 98%，点火前后数据无变化为最好；当乙炔瓶内压力低时必须更换，否则乙炔钢瓶内溶解物会溢出，造成仪器内乙炔气路堵塞，点不着火。

9. 仪器使用应严格遵守说明书中的规定，严格按照使用规则，注意用水、用电以及实验过程中的安全事宜。

【思考与练习】

选择题

1. 用原子吸收光谱仪测定时，调节燃烧器高度的目的是（　　）。
   A. 控制燃烧速度　　　　　　　　　B. 增加燃气和助燃气预混时间
   C. 提高试样雾化效率　　　　　　　D. 选择合适的吸收区域

2. 采用调制的空心阴极灯主要是为了（　　）。
   A. 延长空心阴极灯的寿命　　　　　B. 克服火焰中的干扰谱线
   C. 防止光源谱线变宽　　　　　　　D. 扣除背景吸收

3. 用有机溶剂萃取一元素，并直接进行原子吸收测定时，操作中应注意（　　）。
   A. 回火现象　　　　　　　　　　　B. 熄火问题
   C. 适当减少燃气量　　　　　　　　D. 加大助燃比中燃气量

4. 用原子吸收光谱仪进行分析中，如空心阴极灯中有连续背景发射，宜采用（　　）。
   A. 减小狭缝　　　　　　　　　　　B. 用纯度较高的单元素灯
   C. 另选测定波长　　　　　　　　　D. 用化学方法分离

5. 为了消除火焰原子化器中待测元素的发射光谱干扰应采用（　　）措施。
   A. 直流放大　　　B. 交流放大　　　C. 扣除背景　　　D. 减小灯电流

第三部分 原子荧光光谱分析的基础理论与仪器操作

学习任务 1　原子荧光光谱分析概述

【学习目标】

1. 掌握原子荧光光谱法的概念以及分类。
2. 掌握原子荧光光谱法的基本术语。
3. 了解原子荧光光谱法的发展以及应用。

【任务描述】

原子荧光光谱法是食品检验中重要的检测方法,因化学蒸气分离、非色散光学系统等特性,它是在食品样品中测定微量砷、锑、铋、汞、硒、碲、锗等元素最成功的分析方法之一。因此,本任务是学习原子荧光光谱法的概念以及分类,掌握原子荧光光谱法的基本术语,同时能够了解原子荧光光谱法的发展以及应用。

【学前准备】

（一）学习资料

见"信息单"及仪器分析等相关资料。

（二）其他参考资料来源

1.《食品安全指标检测》等相关书籍。

2. 食品中元素相对应的国家标准以及仪器分析类网站及资料等。

（三）思考题

1. 简述原子荧光光谱法的概念以及分类。

2. 简述原子荧光光谱法的发展及应用。

【信息单】

一、原子荧光光谱法的概念

原子荧光光谱法是 20 世纪 60 年代中期提出并发展起来的光谱分析技术，是一种很好的痕量元素分析技术。它是在原子发射光谱和原子吸收光谱的基础上发展起来的。它是通过测量待测元素的原子蒸气在辐射能激发下产生的荧光发射强度（原子被激发至高能级，在跃迁至低能级的过程中，原子所发射的光辐射称为原子荧光）来确定待测元素含量的方法。原子荧光光谱法具有灵敏度高、选择性好、结构简单等优势。

二、原子荧光光谱法的分类

根据分光系统的不同，原子荧光光谱法分为有色散原子荧光光谱法和非色散原子荧光光谱法。

原子荧光主要分为共振荧光、非共振荧光和敏化荧光等类型。

原子荧光光谱仪分为非色散型原子荧光光谱仪和色散型原子荧光光谱仪。这两类仪器的结构基本相似，区别在于单色器部分。两类仪器的光路图如图 3-1-1 所示。

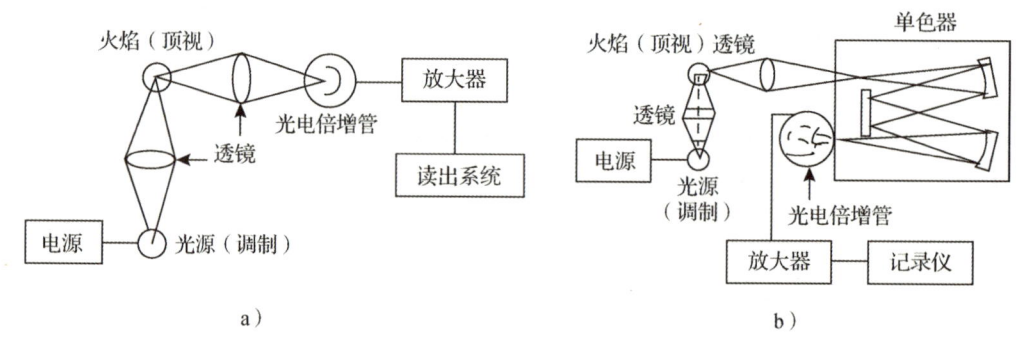

图 3-1-1 原子荧光光谱仪的光路图
a）非色散型 b）色散型

三、原子荧光光谱法的基本术语

（1）共振荧光

发射与原吸收线波长相同的荧光为共振荧光，是荧光分析中最常用的方法。

（2）非共振荧光

荧光的波长与激发光不同时，称非共振荧光。

（3）敏化原子荧光

受激发的原子与另一种原子碰撞时，把激发能传递给另一种原子使其激发，后者再通过辐射形式去激发而发射出的荧光即为敏化原子荧光。

（4）光致发光

冷发光的一种，指物质吸收光子（或电磁波）后重新辐射出光子（或电磁波）的过程。

四、原子荧光光谱法的发展

1964 年，Winefordner 和 Vickers 首先提出将原子荧光光谱法作为一种分析化学方法。1969 年，Holak 研究出氢化物发生 – 火焰原子吸收光谱联用技术，并将其应用于砷的测定。1974 年，Tsujiu 和 Kuga 将原子荧光光谱法和氢化物发生技术相结合，提出了氢化物发生 – 非色散原子荧光光谱测定砷的方法，这种联合技术为现代的氢化物发生 – 原子荧光光谱（HG-AFS）研究奠定了基础。

国内对原子荧光光谱法的研究起步较晚，但发展迅速。1975 年杜文虎等介绍了原子荧光法，次年研制了冷原子荧光测汞仪；20 世纪 70 年代末，郭小伟等成功研制了溴化物无极放电灯，为原子荧光分析技术的进一步研究和发展奠定了基础；1983 年郭小伟等研制了双道原子荧光光谱仪（见图 3-1-2），后将技术转让给北京地质仪器厂，即现在的北京海光仪器有限公司，开创了领先世界水平的有我国自主知识产权分析仪器的先河。在此后的 20 多年中，郭小伟等在开发原子荧光分析方法仪器的设计研制，尤其在氢化物发生原子荧光分析方面做了大量卓有成效的工作，使我国在 HG-AFS 技术领域处于国际领先地位。

五、原子荧光光谱法的应用

原子荧光光谱法具有很高的灵敏度，校正曲线的线性范围宽，能进行多元素同时测定。这些优点使得它广泛地应用于地质样品分析、冶金样品分析、生物样品分析、农业样品分析、环境样品分析、食品分析、药材药品分析、轻工化妆品分析等领域。

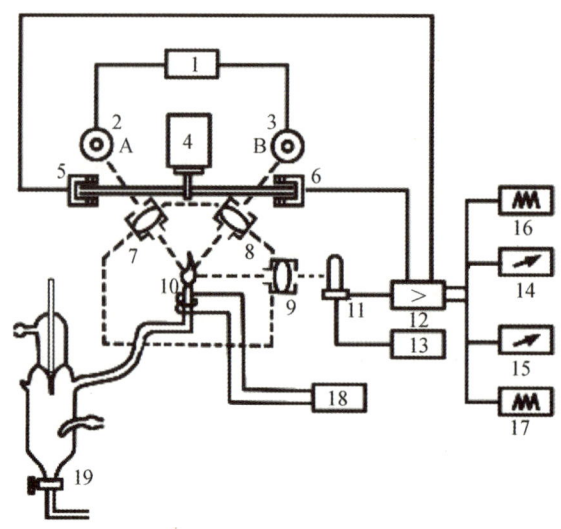

图 3-1-2 双道原子荧光光谱仪的结构

1—双道微波发生器 2、3—光源、谐振腔和无极灯 4—机械切光器 5、6—光电同步信号装置 7、8、9—聚光镜 10—石英炉 11—光电倍增管 12—检测系统 13—负高压电源 14、15—表头 16、17—双笔记录仪 18—炉温控制器 19—氢化物发生器 A、B—通道

具体样品分析方法可以参照最新修订的国家标准并进行检测试验。

【思考与练习】

一、选择题

1. 在以下说法中,正确的是(　　)。

A. 原子荧光光谱法是测量受激基态分子而产生原子荧光的方法

B. 原子荧光光谱属于光激发

C. 原子荧光光谱属于热激发

D. 原子荧光光谱属于高能粒子互相碰撞而获得能量被激发

2. 在原子荧光光谱法中,多数情况下使用的是(　　)。

A. 阶跃线荧光　　　B. 直跃线荧光　　　C. 敏化荧光　　　D. 共振荧光

3. 下述哪种光谱法是基于发射原理?(　　)

A. 红外光谱法　　　B. 荧光光谱法　　　C. 分光光谱法　　　D. 核磁共振波谱法

二、判断题

1. 原子荧光光谱仪的光电倍增管对可见光无反应,因此,可以把仪器安装在日光直射或光亮处。(　　)

2. 在一定条件下,原子荧光强度与激发光源的发射强度成正比。(　　)

3.共振荧光谱线为原子荧光法分析的分析谱线。　　　　　　　　(　　)
4.在任何元素的荧光光谱中，共振荧光谱线是最灵敏的谱线。　　(　　)
5.用酒精棉清洗空心阴极灯的灯室，每半年一次。　　　　　　　(　　)

学习任务 2　原子荧光光谱法的基本原理及仪器结构

【学习目标】

1.熟悉原子荧光光谱法的原理。
2.掌握原子荧光光谱仪的仪器结构及功能。

【任务描述】

原子荧光光谱法是一种痕量元素分析技术，是原子光谱法中的一个重要分支，是测定微量砷、锑、铋、汞、硒、碲、锗等元素非常有效的方法。在进行仪器操作之前应先对原子荧光光谱法与仪器有一定的认识，因此，本任务是学习原子荧光谱法的基本原理，并掌握原子荧光光谱仪的结构。

【学前准备】

（一）学习资料
见"信息单"及仪器分析等相关资料。
（二）其他参考资料来源
1.《分析化学手册 .3. 原子光谱分析（第三版）》等相关书籍。
2.食品中元素相对应的国家标准以及仪器分析类网站和资料等。
（三）思考题
1.简述原子荧光光谱法的基本原理。
2.原子荧光光谱法有哪些应用？

【信息单】

一、原子荧光光谱法简介

原子荧光光谱法是以原子在辐射能激发下发射的荧光强度进行定性、定量分析的发射光谱分析法，所用仪器及操作技术与原子吸收光谱法相近。原子荧光光谱分析技术自 20 世纪 60 年代提出以来，取得了很大进展。尤其是将氢化物发生与原子荧光光谱完美结合而实现 HG-AFS（氢化物发生 - 原子荧光光谱法）分析技术以来，该方法已成为一种高效低耗并具有重要使用价值的分析技术。

二、原子荧光光谱法的基本原理

气态自由原子吸收光源（常用空心阴极灯）的特征辐射后，原子的外层电子跃迁到较高能级，然后又跃迁返回基态或较低能级，同时发射出与原激发波长相同或不同的发射光谱即为原子荧光。原子荧光是光致发光，也是二次发光。当激发光源停止照射后，再发射过程立即停止。

原子荧光光谱法的原理如图 3-2-1 所示。酸化过的样品溶液中的待测元素（砷、汞等）与还原剂（一般为硼氢化钾或硼氢化钠）在氢化物发生系统中反应生成气态氢化

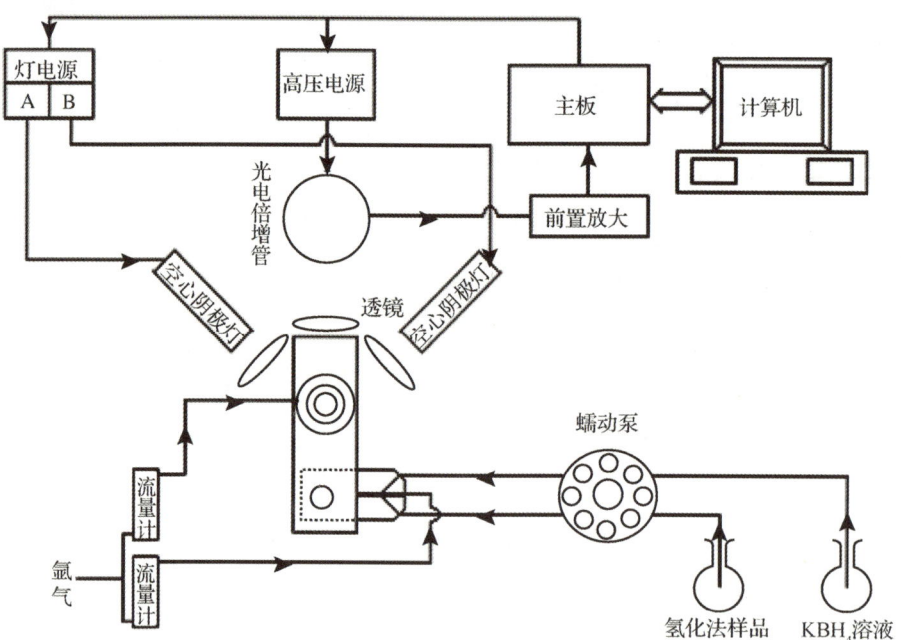

图 3-2-1　原子荧光光谱法的原理

物，过量的氢气和气态氢化物与载气（氩气）混合，进入原子化器，氢气和氩气形成氩氢火焰，使待测元素原子化。待测元素的激发光源（一般为空心阴极灯或无极放电灯）发射的特征谱线通过聚焦，激发待测物原子，得到的荧光信号被光电倍增管接收，然后经放大、解调，得到荧光强度信号，在一定条件下荧光谱线强度与待测元素的浓度成正比，据此可以进行定量分析。

三、原子荧光光谱仪的结构

原子荧光光谱仪分为非色散型原子荧光光谱仪与色散型原子荧光光谱仪。这两类仪器的结构基本相似，差别在于单色器部分，也就是对生成的荧光是否进行分光。两类仪器均包括以下几个部分：

1. 激发光源

激发光源可用连续光源或锐线光源。常用的连续光源是氙弧灯，常用的锐线光源是高强度空心阴极灯、无极放电灯、激光等。连续光源稳定，操作简便，寿命长，能用于多元素同时分析，但检出限较差。锐线光源辐射强度高，稳定，可得到更好的检出限。

2. 原子化器

原子荧光光谱仪对原子化器的要求与原子吸收光谱仪基本相同，主要是原子化效率要高。原子荧光光谱仪的原子化器包括一个电炉丝加热的石英管，以氩气作为屏蔽气及载气。

3. 光学系统

光学系统的作用是充分利用激发光源的能量并接收有用的荧光信号，减少及除去杂散光。色散型系统对分辨能力要求不高，但要求有较大的集光本领，常用的色散元件是光栅。非色散型仪器照明立体角大，光谱通带宽，可用来分离分析线和邻近谱线，以降低背景产生的影响。

4. 检测器

常用的是光电倍增管，在多元素原子荧光光谱仪中，也用光导摄像管、析像管作为检测器。检测器与激发光束为直角配置，以避免激发光源对检测原子荧光信号的影响。

5. 氢化物发生器

氢化物发生器的结构如图 3-2-2 所示。仪器由计算机控制，首先样液被自动进样器吸入后，在载流的推动下进入蠕动泵中。与此同时，$NaBH_4$ 溶液也被吸入相应的管道中。注射器定量推动样液进入反应室中，与 $NaBH_4$ 发生氧化还原反应，所生成的氢化物在载气的推动下进入一级气液分离器，废液被排出，气态氢化物和少量氢气进入二级气液分离器，最后进入原子化器。

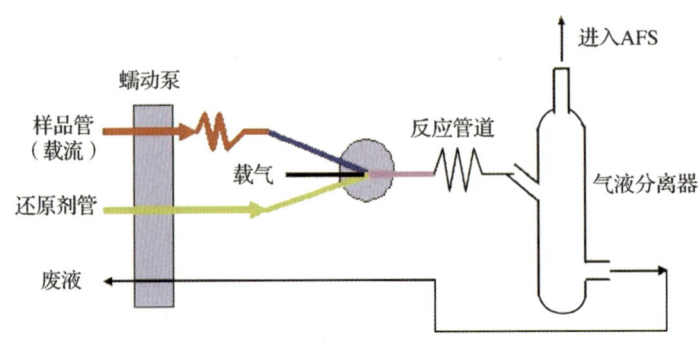

图 3-2-2 氢化物发生器的结构

四、原子荧光光谱法（AFS）的优点

某些元素的灵敏度与检出限优于 AAS 与 AES；谱线简单，干扰少；结构简单，价格便宜；精确度类似于 AAS，优于 AES。

【思考与练习】

一、选择题

1. 载气（氩气）的主要作用是（　　）。
A. 防止氢化物被氧化，提高原子化效率　　B. 防止荧光猝灭
C. 保持原子化环境的相对稳定　　D. 以上都是

2. 可以说明原子荧光光谱与原子发射光谱在产生原理上具有共同点的是（　　）。
A. 辐射能使气态基态原子外层电子产生跃迁
B. 辐射能使原子内层电子产生跃迁
C. 能量使气态原子外层电子产生发射光谱
D. 电、热能使气态原子外层电子产生发射光谱

3. 可以说明原子荧光光谱与原子发射光谱在产生原理上具有共同点的是（　　）。
A. 辐射能使气态基态原子外层电子产生跃迁
B. 辐射能使原子内层电子产生跃迁
C. 能量使气态原子外层电子产生发射光谱

D. 电、热能使气态原子外层电子产生发射光谱

二、判断题

1. 原子吸收光谱仪使用的空心阴极灯也可以用于原子荧光光谱仪。（　　）
2. 在一定条件下，原子荧光光谱仪的分析灵敏度与激发光源的发射强度成正比。
（　　）

三、填空题

1. 原子荧光分析中，荧光类型有_____、_____、_____、热助阶跃线荧光和敏化原子荧光等。
2. 在原子荧光分析中，原子浓度较高时容易发生_____，它可使荧光信号变化和荧光谱线_____，从而_____峰值强度。
3. 在原子荧光分析的实际工作中，会出现空白_____大于样品强度的情况，这是因为空白溶液中不存在_____的原因。
4. 原子荧光光谱仪一般由五部分组成：_____、_____、_____、_____和_____。
5. 原子荧光与原子吸收对原子化器的共同要求是高效的_____和_____，区别在于原子荧光要求更高的_____和有效的_____。

学习任务 3　原子荧光光谱仪的操作规程

【学习目标】

1. 了解原子荧光光谱仪的注意事项。
2. 掌握原子荧光光谱仪的操作规程。
3. 掌握原子荧光光谱仪的操作。
4. 通过任务实施，养成科学严谨的思维，以及主动接受并按时完成工作的积极态度。

【任务描述】

原子光谱仪器实验室将进行牛奶中金属元素的检测，现在的任务是进行实验准备，学习原子荧光光谱仪，以便检验快速顺利地进行。

【学前准备】

（一）学习资料

见"信息单"及仪器分析等相关资料。

（二）其他参考资料来源

1.《元素分析与检测》等相关书籍。

2. 仪器分析类网站。

（三）思考题

原子荧光光谱仪使用过程中应注意哪些问题？

【任务实施】

（一）仪器及材料

仪器：原子荧光光谱仪。

（二）工作流程

确定工作任务→查找资料，原子荧光光谱仪的操作流程→设计流程方案→修订流程方案→完成任务。

（三）实施过程

分小组完成原子荧光光谱仪的操作。

【信息单】

一、原子荧光光谱线强度及影响因素

影响谱线强度（I）的因素如下：

（1）激发电位（E），I与E是负指数关系，E越大，I越小。

（2）跃迁概率（A），I与A成正比。

（3）统计权重（g_1/g_2），统计权重是与能级简并度有关的常数，I与g_1/g_2成正比。

（4）激发温度（T），T升高，I增大，但I与T的关系往往是曲线关系，谱线各有其最合适的温度，在该温度时，I最大。

（5）基态原子基态原子数谱线强度与基态原子数成正比。在一定的条件下，基态原子数与试样中该元素浓度成正比。因此，在一定的条件下，谱线强度与被测元素浓度成正比，这是光谱定量分析的依据。

假如是离子线，其I除与上述因素有关外，还与元素的电离电位（V）有关。

二、原子荧光光谱仪操作规程

图示	操作步骤	说明
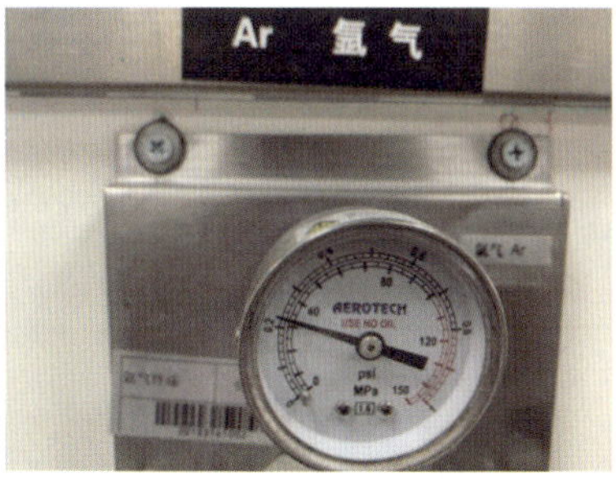	1. 开启载气（氩气）钢瓶减压阀，使次级阀压力显示为 0.2~0.3 MPa，仪器稳压到 0.2 MPa	
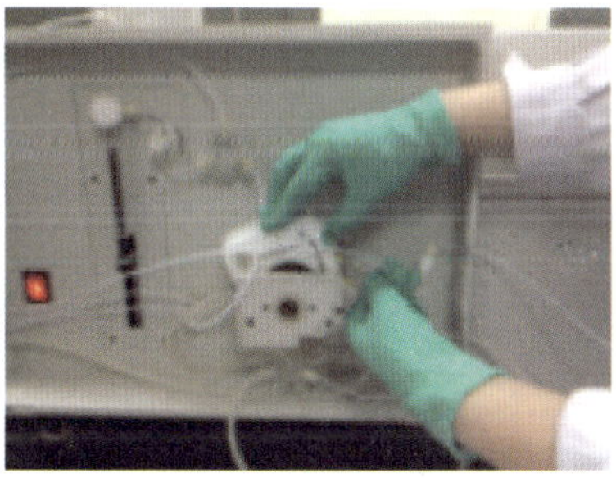	2. 开启排风机开关，使室内通风，压紧蠕动泵压块	检查蠕动泵管道干燥程度，干则加润滑油
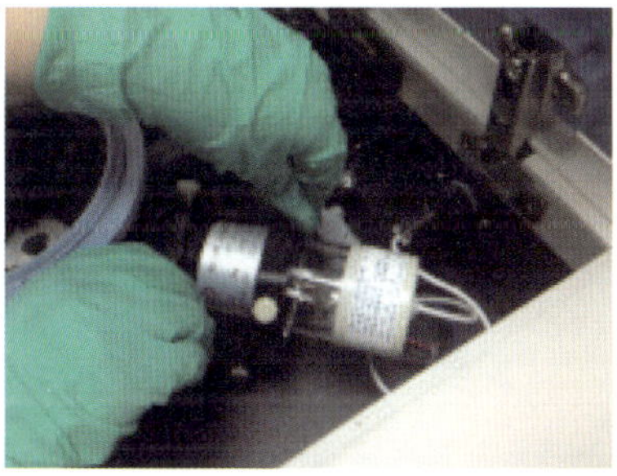	3. 安装待测定元素灯	调高低是旋转灯上的四个旋钮，调左右是旋转同边的两个旋钮，调好后将灯的位置固定
	4. 依次打开稳压电源开关、断续流动开关、主机开关和计算机开关	

续表

图示	操作步骤	说明
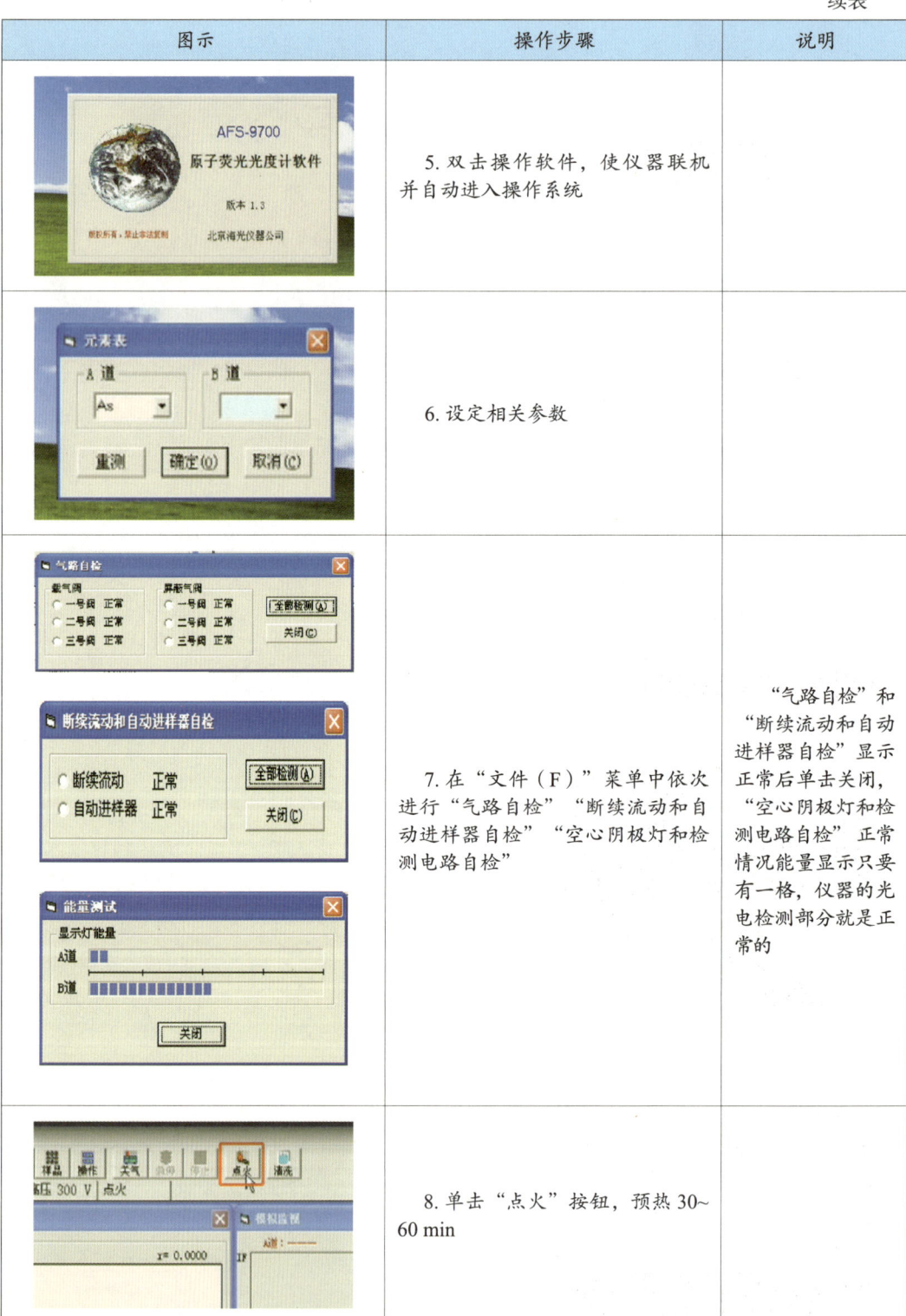	5. 双击操作软件，使仪器联机并自动进入操作系统	
	6. 设定相关参数	
	7. 在"文件（F）"菜单中依次进行"气路自检""断续流动和自动进样器自检""空心阴极灯和检测电路自检"	"气路自检"和"断续流动和自动进样器自检"显示正常后单击关闭，"空心阴极灯和检测电路自检"正常情况能量显示只要有一格，仪器的光电检测部分就是正常的
	8. 单击"点火"按钮，预热30~60 min	

续表

图示	操作步骤	说明
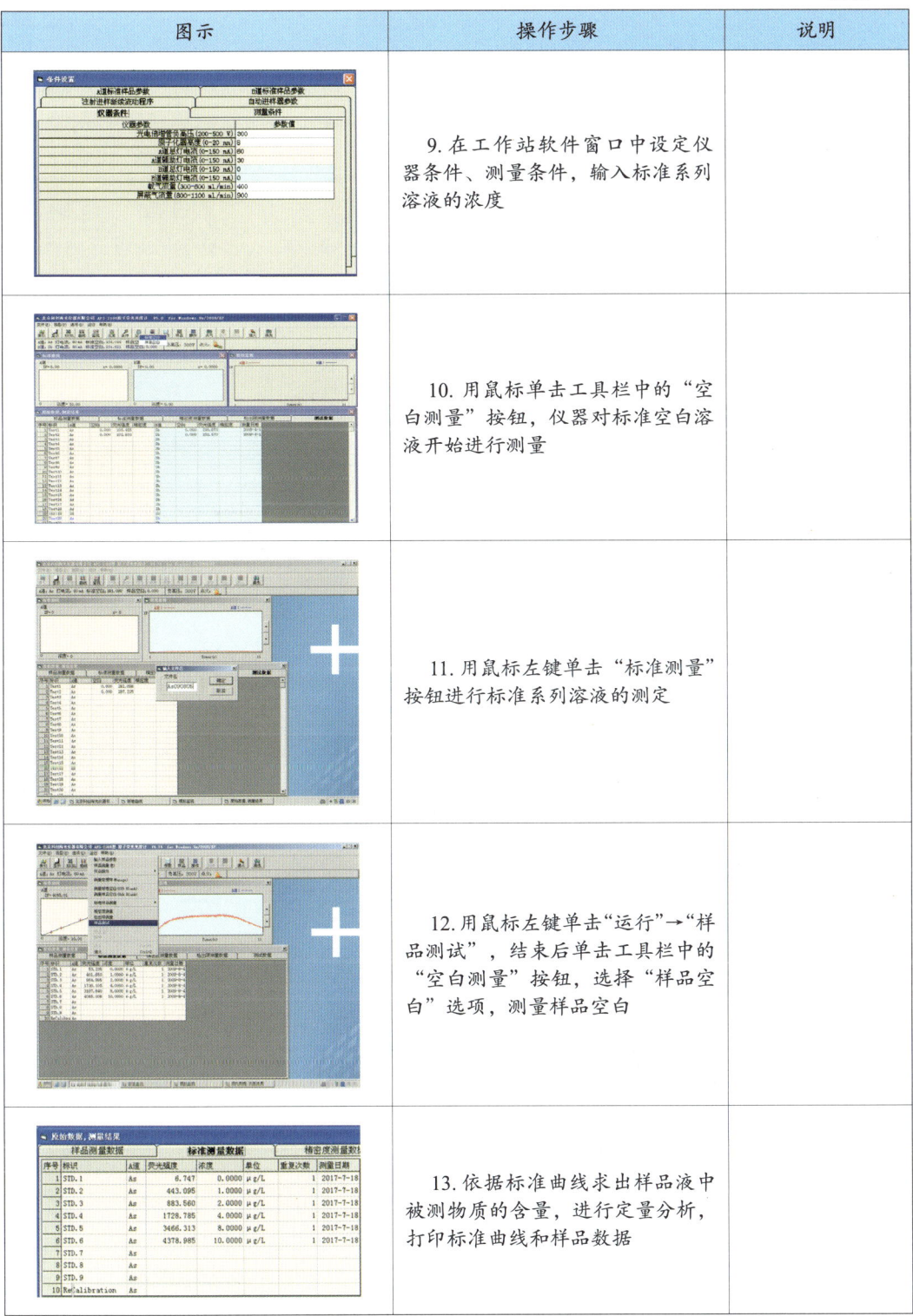	9. 在工作站软件窗口中设定仪器条件、测量条件，输入标准系列溶液的浓度	
	10. 用鼠标单击工具栏中的"空白测量"按钮，仪器对标准空白溶液开始进行测量	
	11. 用鼠标左键单击"标准测量"按钮进行标准系列溶液的测定	
	12. 用鼠标左键单击"运行"→"样品测试"，结束后单击工具栏中的"空白测量"按钮，选择"样品空白"选项，测量样品空白	
	13. 依据标准曲线求出样品液中被测物质的含量，进行定量分析，打印标准曲线和样品数据	

三、关机

图示	操作步骤	说明
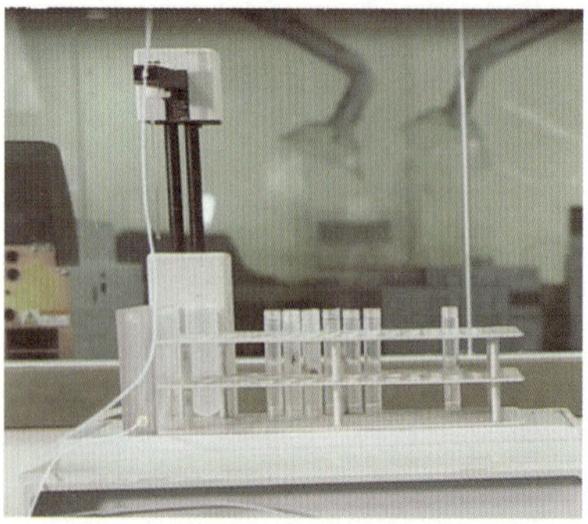	1. 清洗管路	
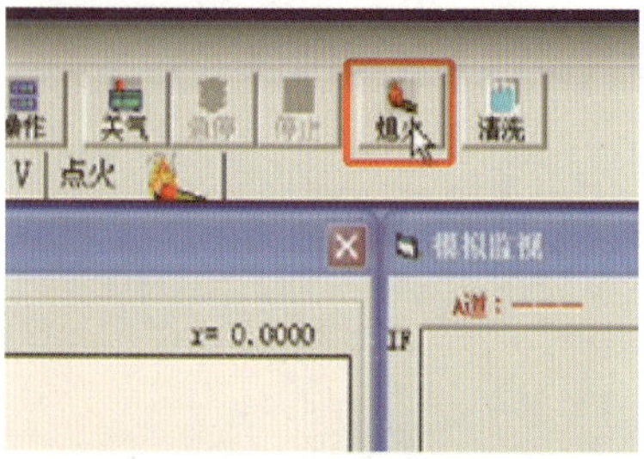	2. 熄火	
	3. 依次关闭计算机开关、主机开关、断续流动开关和稳压电源开关	
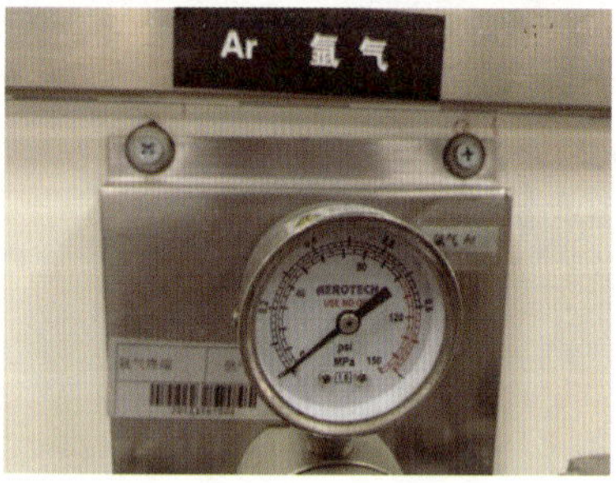	4. 关闭载气阀门	

四、注意事项

1. 仪器的外部使用条件

实验室温度为 15~30 ℃，湿度小于 75%。实验室应配备精密稳压电源且电源应良好接地。仪器台后部距墙面距离应为 50 cm，以便于仪器的安装与维护。

2. 对气体、器皿和试剂的要求

氩气纯度应大于 99.99%，配备标准氩气减压表。玻璃器皿应清洗干净并用酸浸泡，且为原子荧光专用。试剂的纯度应符合要求，储备液应定期更换，使用液和还原剂应现用现配。

3. 更换元素灯时一定要关闭主机电源。

4. 仪器使用前应检查二级气液分离器（水封）中是否有水。

【评价反馈】

"原子荧光光谱仪的操作规程"考核评价表

素质	内容 / 学习目标	评价项目	评价 自我评价（30%）	评价 小组评价（30%）	评价 教师评价（40%）
知识能力（20分）	应知应会	1. 原子荧光光谱仪的基本原理 2. 原子荧光光谱仪的结构			
专业能力（50分）	准备工作（10分）	仪器准备齐全并摆放整齐			
	原子荧光光谱仪的操作（30分）	开机顺序正确			
		进行原子化器高度调节			
		软件操作规范			
		进行管路清洗			
		动作标准，仪器操作熟练			
	遵守安全、卫生要求（10分）	1. 遵守实验室安全规范 2. 遵守实验室卫生规范			
通用能力（20分）	语言能力（5分）	1. 准确阐述自己的观点 2. 专业术语表达准确			
	合作能力（5分）	1. 能与同学配合共同完成任务 2. 具有组织和协调能力			
	发现、解决问题能力（5分）	1. 善于发现实验过程中的问题 2. 自主分析和解决实验中的问题			
	创新能力（5分）	1. 善于总结工作经验 2. 善于体验新的检验方法			

续表

素质	内容		评价项目	评价		
	学习目标			自我评价（30%）	小组评价（30%）	教师评价（40%）
态度（10分）	认真、细致、勤劳		整个实验过程认真、仔细、勤劳			
小计						
总分						

【思考与练习】

一、判断题

1．在原子荧光分析中，无论是连续光源或者线光源，光源强度越高，其测量线性工作范围越宽。（　　）

2．在任何元素的荧光光谱中，共振荧光谱线是最灵敏的谱线。（　　）

3．在原子荧光分析中，进行样品分析时，标准溶液的介质应和样品完全一致，可以不用做空白试验。（　　）

二、填空题

1．原子荧光光谱仪中，目前有_____和_____两类仪器。

2．20 世纪 70 年代末，由于_____、_____及各种高效原子化器的使用，AFS 技术得到了较大发展。

3．荧光猝灭的程度与_____及_____有关。

三、简答题

原子荧光测量过程中测量信号值偏低或异常的可能原因有哪些？

学习任务 4　原子荧光光谱仪的维护

【学习目标】

1. 学习原子荧光光谱仪的维护方法。
2. 掌握原子荧光光谱仪的维护的操作规程。
3. 通过任务实施，养成科学严谨的思维，以及主动接受并按时完成工作的积极态度。

【任务描述】

原子荧光光谱实验室将进行食品中的砷含量的检测，现在的任务是进行实验准备，进行原子荧光光谱仪维护，以便检验快速顺利地进行。

【学前准备】

（一）学习资料

见"信息单"及仪器分析等相关资料。

（二）其他参考资料来源

1.《元素分析与检测》等相关书籍。

2. 仪器分析类网站。

（三）思考题

1. 不进行仪器维护会对检测结果造成哪些影响？
2. 如何进行原子荧光光谱仪的维护？

【任务实施】

（一）仪器及材料

1. 仪器：原子荧光光谱仪。
2. 材料及试剂：超纯水、蒸馏水。

（二）工作流程

确定工作任务→查找资料，原子荧光光谱仪的操作流程→设计流程方案→修订流程方案→完成任务。

（三）实施过程

分小组完成原子荧光光谱仪的维护。

【信息单】

一、原子荧光光谱仪常见问题和解决方法

1. 联机失败

如出现仪器打开控制软件后显示"主机通信错误"，在确认仪器主机和计算机连线接触良好的情况下，可关闭软件，重新打开。

2. 荧光信号是一条直线或强度为负数

如出现荧光信号是一条直线或强度为负数，常用的解决方法如下：

（1）水封里面没水，加几滴蒸馏水。

（2）电炉丝断了，更换电炉丝；如果炉丝高度与炉芯高度不在一条线上，应调整。

（3）硼氢化钾还原剂可能失效，需重新配制。

（4）空心阴极灯是否亮着。

（5）泵管是否卡到正确的位置。

（6）如未正常进样，则移动进样架；如样品量不足，则增加样品。

（7）确认控制废液排出的蠕动泵的压块松紧是否合适，废液是否正常排出。

3. 波形后移或者灵敏度降低

如出现波形后移或者灵敏度降低，常用的解决方法如下：

（1）硼氢化钾还原剂失效，需重新配制。

（2）泵管压扁，调节或更换泵管。

（3）管路或气路系统漏气，更换硅胶管。

（4）载气压力不足，更换氩气。

（5）打开主机盖，调整元素灯至最合适的位置。

4. 波形有锯齿状、不稳定

如出现波形有锯齿状、不稳定的现象，常用的解决方法如下：

（1）通风口风量太大，调小通风口风量。

（2）查看废液管是否畅通。

（3）有液体从二级气液分离器的管道流入三级气液分离器，并进入原子化炉，致其

堵塞。应拆下原子化炉，清洗炉芯，更换二、三级气液分离器之间的软管，更换三级气液分离器和原子化炉之间的软管。

5. 未检测到载气

如出现未检测到载气的现象，常用的解决方法如下：

（1）载气（氩气）未打开，应打开载气。

（2）载气（氩气）压力不足，更换氩气。

6. 自动进样系统不工作

如出现自动进样系统不工作的现象，常用的解决方法如下：

（1）确认自动进样器系统与蠕动泵系统之间的连线是否接触良好。

（2）自动进样器的主板出问题，联系厂家维修。

7. 载流空白荧光强度为固定值

如出现载流空白荧光强度为固定值（即一条直线）的现象，常用的解决方法如下：

（1）确认空白荧光灯是否已经卡好。

（2）关闭软件仪器，重新启动，观察是否正常。

（3）若不是以上两个原因，有可能是仪器电路出现问题，需联系厂家加以解决。

8. 测定含量较高（特别是 Hg）的样品，管路系统受到严重污染

如出现测定含量较高（特别是 Hg）的样品，管路系统受到严重污染的现象，常用的解决方法如下：可将样品进样管放入 10% HCl 溶液中，启动蠕动泵不断进行清洗，若仍然难以清洗干净，则需更换聚四氟乙烯管路。一般情况下，均可明显改善，如仍有残余难以清除的情况，则需按照说明书将石英管拆下，用 20%~30% 王水浸泡 24 h 左右，然后再用去离子水清洗干净，晾干或烘干后使用。

9. 仪器不能自动识别元素灯或识别错误

如出现仪器不能自动识别元素灯或识别错误的现象（若带电插拔元素灯则容易损坏单片机，造成元素灯识别错误），常用的解决办法是请厂家维修电路主板。

10. 注射器卡住或运行不畅并伴有较大噪声

如出现注射器卡住或运行不畅并伴有较大噪声的现象，可能是驱动电路故障或接触不良，也可能是机械故障导致。常用的解决办法是检查连接电缆插头或请厂家维修。

二、原子荧光光谱仪的维护操作

图示	操作步骤	说明
	1. 先将与原子化器连接的两电源插销拔下，拔掉其中氩气管路，从传输室上移去原子化器 分别取下固定圈与陶瓷帽，小心地将石英炉芯从原子化器上取出	为保持仪器表面清洁，可将洗涤剂稀释，然后用干净的纱布浸湿后擦拭，再用干净湿纱布擦洗
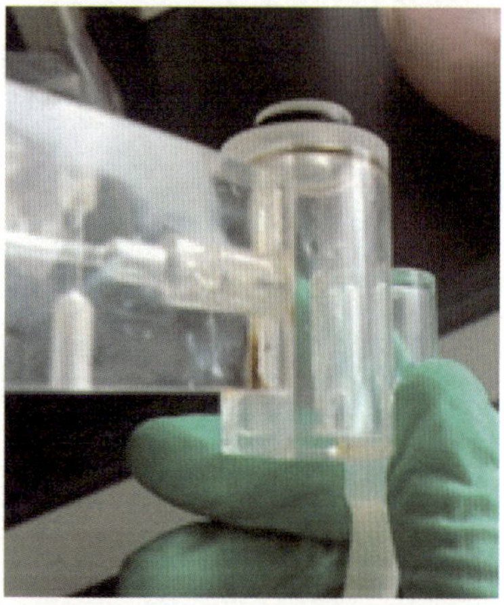	2. 移去多功能反应模块以及废液管，将传输室从调节机构上取下	
	3. 将多功能反应模块取下，移去毛细进样管与氩气管路	

续表

图示	操作步骤	说明
	4. 将毛细进样管的固定螺栓从多功能反应模块上拧下,松开泵卡,将整套毛细进样管取下;将上面拆下来的传输室、石英管、陶瓷帽、多功能反应模块、毛细进样管,用10%的硝酸浸泡4 h,用去离子水冲洗,用滤纸将传输室内部的水珠擦去	如发现不洁现象,可用脱脂棉蘸乙醇和乙醚的混合液拧干后擦拭(混合液:30%乙醇和70%乙醚)
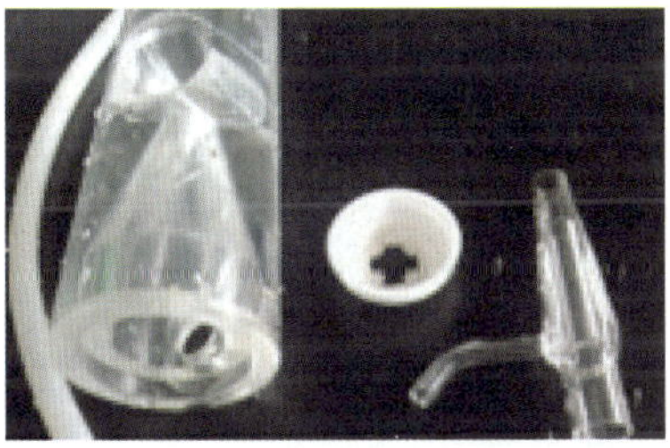 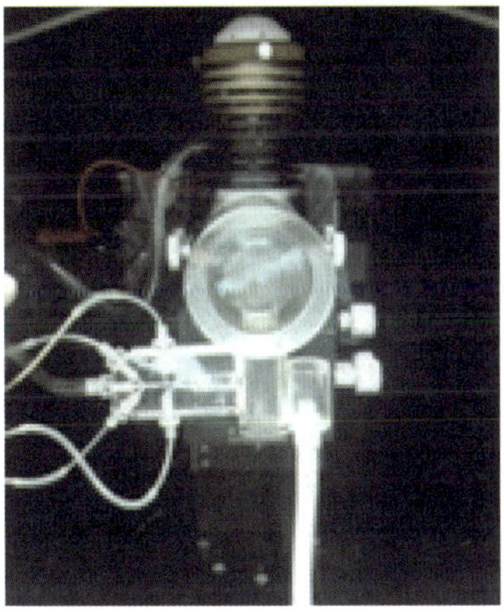	5. 把各部件重新装回去。调节原子化器的位置,使仪器处于最佳状态	

续表

图示	操作步骤	说明
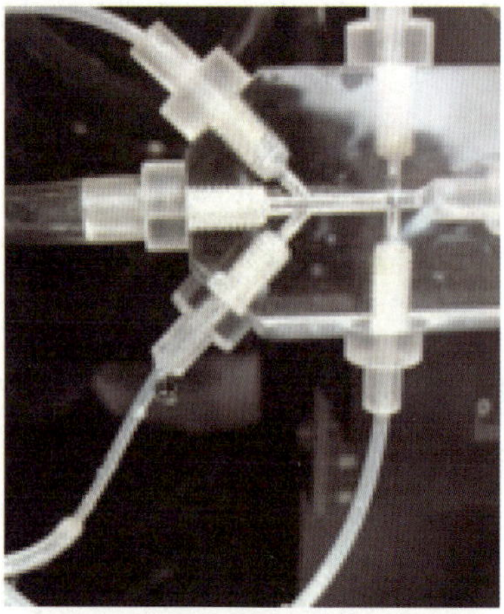 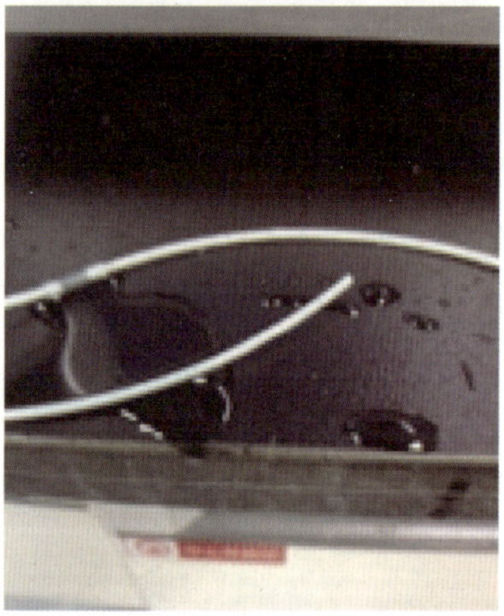 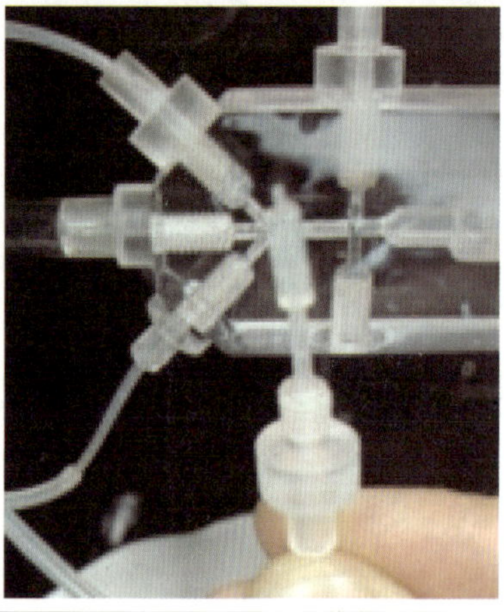	6. 如多功能反应模块进样毛细尖嘴管连接处出现漏液现象，需换上一小段新的硅胶管	因只开了主泵，就是只用两根进样管路，另两根管路是不进样状态，所以进样时出现液体倒流回这两根管路

续表

图示	操作步骤	说明
	7.重新制作标准曲线,仪器自检,结果显示各项指标均正常	

三、原子荧光光谱仪操作注意事项

1.测试完成后,蠕动泵的泵卡一定要松开。防止硅胶管和毛细进样管被挤压变形,从而使进样量达不到要求。

2.关闭氩气时,只需要关闭氩气瓶主压阀即可,载气流量计开关、辅气流量计开关及氩气瓶的控压阀不需要关闭。

3.装卸空心阴极灯时,要注意轻拿轻放,防止磕碰。

4.保持废液管的畅通,防止废液无法排出而造成废液的倒灌,从而造成多功能反应模块污染。

5.远离强磁场、电场等高频发生源。

6.仪器需放置在平稳无振动的工作台上,仪器上方应设有排风系统。

7.仪器工作环境整洁、无尘、无腐蚀性气体。

8.避免光线直射。

9.环境温度范围:15~40 ℃。

10.环境相对湿度:不大于85%。

11.气瓶不应暴露在热源下,且应远离火花源、易燃品,足够通风。

12.电源电压为 AC 220 V,电源频率为 50 Hz(若当地电压浮动较大,必须使用稳压电源,否则会造成仪器损坏)。

13.仪器的使用条件:稳定的供电电压 220 V,温度 15~30 ℃,湿度小于 80% 避免日光直射,烟尘,污浊气流及水蒸气,腐蚀性气体的影响高纯氩气,99.99%。

14.空心阴极灯的维护:空心阴极灯灯电流超过最大电流会使阴极材料大量溅射,热蒸发或阴极熔化,寿命缩短,因此,使用中最好不要超过最大电流。长期搁置不用的空心阴极灯会因气体泄漏等原因而不能正常使用,一般在 3 个月左右应将空心阴极灯点燃一段时间,长期使用的灯会老化,致使噪声增大、信号不稳定、能量小,可采用反接激活,除去杂质气体,注意石英窗不能被沾污,如发现石英窗口有污垢,可用高级镜头纸擦干净。

【评价反馈】

"原子荧光光谱仪的维护"考核评价表

素质	内容		评价		
	学习目标	评价项目	自我评价（30%）	小组评价（30%）	教师评价（40%）
知识能力（20分）	应知应会	1. 原子荧光光谱仪的维护的操作规程 2. 原子荧光光谱仪的维护方法			
专业能力（50分）	准备工作（10分）	仪器准备齐全并摆放整齐			
	原子荧光光谱仪的维护的操作规程（30分）	正确进行仪器表面清洁			
		正确进行原子化器高度调节			
		能将各部件重新装回原位			
		正确进行管路清洗			
		动作标准，仪器操作熟练			
	遵守安全、卫生要求（10分）	1. 遵守实验室安全规范 2. 遵守实验室卫生规范			
通用能力（20分）	语言能力（5分）	1. 准确阐述自己的观点 2. 专业术语表达准确			
	合作能力（5分）	1. 能与同学配合共同完成任务 2. 具有组织和协调能力			
	发现、解决问题能力（5分）	1. 善于发现实验过程中的问题 2. 自主分析和解决实验中的问题			
	创新能力（5分）	1. 善于总结工作经验 2. 善于体验新的检验方法			
态度（10分）	认真、细致、勤劳	整个实验过程认真、仔细、勤劳			
	小计				
	总分				

【思考与练习】

填空题

1. 原子荧光所用器皿一定要提前用_____清洗，以防止产生实验误差。
2. 做原子荧光实验时，注意在_____中不要有积液，以防止其进入_____。

学习任务 5　原子荧光光谱仪常见故障及解决方法

【学习目标】

1. 了解原子荧光光谱仪及其常见故障。
2. 掌握原子荧光光谱仪及其常见的维护方法。
3. 能够对实验过程中存在的问题进行合理、科学的解决。
4. 能够安全合理地进行仪器的使用。

【任务描述】

原子荧光光谱仪法是食品检验中重要的检测方法，在测试过程中，仪器的维护和保养是实验的关键因素，因此，本任务的主要目的是学会仪器常见故障的处理方法并能够安全地进行操作。

【学前准备】

（一）学习资料

见"信息单"及仪器分析等相关资料。

（二）其他参考资料来源

1.《仪器分析》等相关书籍。
2. 仪器分析类网站及资料等。

（三）思考题

1. 原子荧光光谱仪在使用过程中有哪些常见问题？
2. 原子荧光光谱仪在使用过程中有哪些安全注意事项？

【信息单】

一、原子荧光光谱仪使用过程中常见的故障

1. 通信失败

通信失败产生的原因之一是先开软件后开仪器，由于在仪器关闭状态下计算机软件无法接收仪器传输的信号，导致出现错误。正确顺序是先开仪器，等 30 s~1 min 仪器稳定后再打开软件。

如果出现这样的问题，则仪器无法连通，而且进样针不停地在样品盘和酸缸之间来回移动，更换新的主板可以解决这个问题。

2. 氩气不足

原子荧光光谱法消耗的氩气量比较低，需要注意氩气的剩余量和分压，分压压力应为 0.2~0.3 MPa。

如果氩气剩余量不足以支持实验用量，就要及时更换氩气，否则会在实验过程中提示氩气不足而中断实验。在测试之前要先打开氩气瓶，贯通气流，不然开机后测量样品溶液，溶液会出现倒灌现象，对管路系统造成腐蚀。

3. 空心阴极灯

空心阴极灯一定要在仪器关闭状态下更换，带电拔下空心阴极灯，容易损坏仪器内部的电路系统，造成仪器无法识别空心阴极灯。安装空心阴极灯时，先将电源接好，然后把空心阴极灯放置在凹槽里并固定，开机后通过凹槽四周的调节旋钮，使空心阴极灯光源的光斑对准调光器的十字线中心。因为十字线中心对应的是原子化器的火焰芯高度，如果偏离程度较大，就无法获得良好的测量效果。

如遇汞空心阴极灯不亮的情况，则用电子脉冲点火器激发点灯。

4. 三通阀漏液

如果发现曲线各点的荧光值很低，有可能是三通阀和吸管接口处漏液了。停机后把三通阀拆下来，换上新的三通阀，则可以解决漏液现象。

5. 蠕动泵和胶管

蠕动泵压头松紧程度适当，不要空载运行。如果长期不用时要松开泵管，防止将胶

管挤压变形。另外也要注意胶管（红色圈圈）被腐蚀及漏液现象。

二、原子荧光光谱仪使用注意事项

1. 更换空心阴极灯时一定要关闭主机电源。

2. 一定要按顺序开机：先打开计算机进入 Windows 桌面，然后打开仪器主机电源，最后打开软件。

3. 仪器运行过程中最好不要进行其他计算机操作，尤其是占内存比较大的程序。

4. 仪器预热时，泵块可以不用压，可以不进溶液，让仪器空运行。

5. 测量过程中应注意观察泵块是否压好，废液是否顺畅排出。

6. 泵块不能长时间挤压泵管，用完仪器一定要及时松开泵块，泵管应定期清理干净并滴加硅油。

7. 还原剂应现用现配，标准储备液和标准系列液应定期更换。

8. 不能向仪器进样口进高浓度的样品，否则会污染进样系统。砷的最高浓度应小于 200 μg/L（ppb），汞的最高浓度应小于 20 μg/L（ppb）。

9. 对原子化器进行拆洗时，若因反应剧烈有液体或气泡进到原子化器，或仪器使用一年后需对原子化器中的石英炉芯进行拆解清洗，可放入 10% 的硝酸溶液中泡一小时左右，再水洗晾干或烘干。

10. 排废泵管一端压瘪后可更换方向继续使用，以延长其使用寿命，若排废泵管两端都被压瘪，则应更换新泵管。

11. 测量结束后，一定要用蒸馏水或去离子水清洗进样系统 5 次以上，长期不用时，要每两周至少开机一次（尤其是比较潮湿的地区），以利于仪器的保养。

12. 当电压不稳时仪器应配备 1 000 W 左右的精密稳压电源。

13. 仪器所用的器皿应专用且无污染，所用的试剂纯度应符合要求。一般来说，空白值高主要是由于器皿污染或试剂纯度不够造成的。

14. 实验室的温度应在 15~30 ℃之间。实验室应清洁无污染，否则会对测量产生影响，特别是测汞时。

【思考与练习】

一、选择题

1. 用（　　）的硝酸清洗原子化器，并浸泡 24 h，再用超纯水清洗后烘干待用，每月一次。

A.5%   B.10%   C.7%   D.3%

2.调整调光器的位置,使空心阴极灯发出的光斑落在原子化器石英炉芯的中心线与透镜的水平中心线的交汇处,调整频率是（　　）一次。

A.每周   B.每日   C.每年   D.每月

二、填空题

1.对蠕动泵加泵油的试验仪器设备进行检查,_____一次。

2.用酒精棉清洗空心阴极灯的灯室,_____一次。

3.虽然原子荧光光谱仪的光电倍增管对可见光无反应,但是不可以把仪器安装在_____。

三、简答题

用原子荧光光谱仪测定样品时信号偏低怎么办?

第四部分

分析方法应用

学习任务1 样品前处理
（1）样品前处理——微波消解

【学习目标】

1. 了解微波消解仪的原理及组成。
2. 能够独立进行微波消解的操作。
3. 能够进行微波消解仪器的维护。
4. 通过任务实施，养成科学严谨的思维，以及主动接受并按时完成工作的积极态度。

【任务描述】

原子吸收光谱实验室将进行样品中铁含量的检测，现在的任务是利用微波消解法进行样品处理，使待测元素处于游离状态，并去除干扰，以便检验准确、顺利地进行。

本任务依据《食品安全国家标准 食品中铁的测定》（GB 5009.90—2016）中"第一法 火焰原子吸收光谱法"中试样处理的方法——微波消解为例进行操作。

【学前准备】

（一）学习资料

见"信息单"及仪器分析等相关资料。

（二）其他参考资料来源

1.《食品安全指标检测》等相关书籍。

2. 食品中元素相对应的国家标准以及仪器分析类网站和资料等。

（三）思考题

1. 微波消解仪的操作步骤有哪些？
2. 微波消解仪的维护有哪些注意事项？

【任务实施】

（一）仪器及材料

1. 仪器：美诚 MD6 系列微波消解仪、分析天平、可调式电热板、容量瓶、吸量管、漏斗、洗耳球。

2. 材料及试剂：超纯水、过氧化氢、硝酸。

3. 实验样品：奶粉。

注意：所有玻璃器皿需用硝酸溶液（1+5）浸泡过夜，并用超纯水冲洗干净。微波消解仪的聚四氟乙烯内罐需要用 5% 硝酸溶液浸泡，并用超纯水冲洗干净。

（二）工作流程

确定工作任务→查找资料→填写检测任务单→设计方案→修订方案→完成任务→出具报告。

（三）实施过程

分小组进行食品样品中铁元素含量测定的样品处理——微波消解。

【信息单】

一、微波消解简介

1. 微波消解的特点：快捷、高效、简便、节约试剂、空白值低，避免易挥发元素损失，回收率高，减少污染，通用性强，适用性广等。
2. 微波消解的分类：常压微波消解、高压密封微波消解（应用多）、聚焦微波消解。
3. 微波消解的应用：广泛应用于环境、食品、医学等领域的样品前处理。

二、微波消解原理

微波（见图 4-1-1）是一种电磁波，波长为 1 mm~1 m，频率通常为 300 MHz~300 GHz。

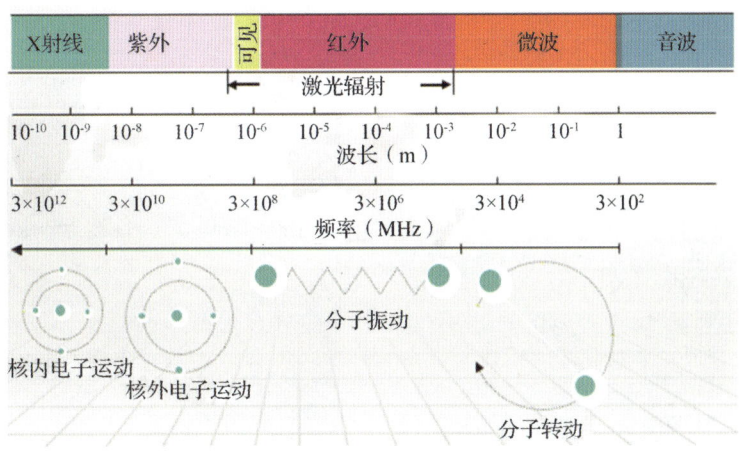

图 4-1-1 微波

区别于传统外热源通过热对流和热传导对样品溶剂混合物进行加热（见图 4-1-2a），微波能穿透容器，使样品溶剂直接吸收微波而被加热（见图 4-1-2b）。微波消解系统对密闭罐内的样品和溶剂进行加热（见图 4-1-2c），在高频微波作用下，被加热物质的分子会高速振荡而产生高热。微波消解系统能够在高压、密封的作用下，低温、快速地除去干扰，富集待测成分。

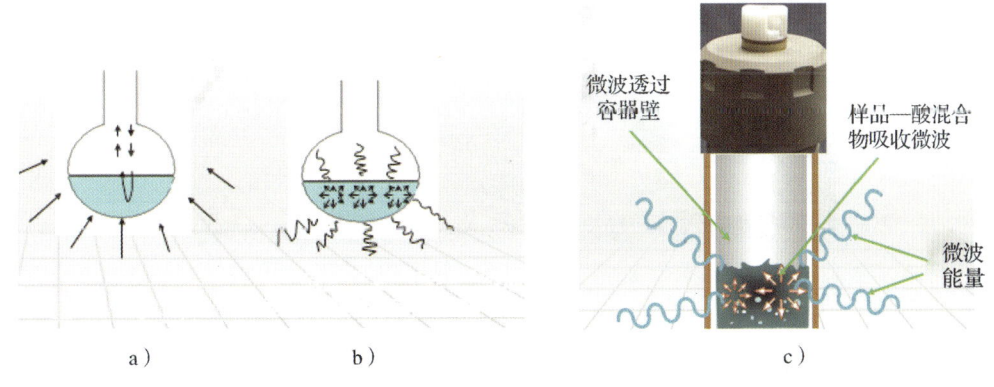

图 4-1-2 微波消解过程
a）传统外热源 b）微波 c）微波消解系统

三、微波消解仪器的结构

微波消解仪由微波炉体、微波控制箱、微波消解罐三部分组成，如图 4-1-3 所示。其中微波炉体是最重要的组成部分。微波炉体又包括微波炉腔、样品架、排风系统、安全防护门。

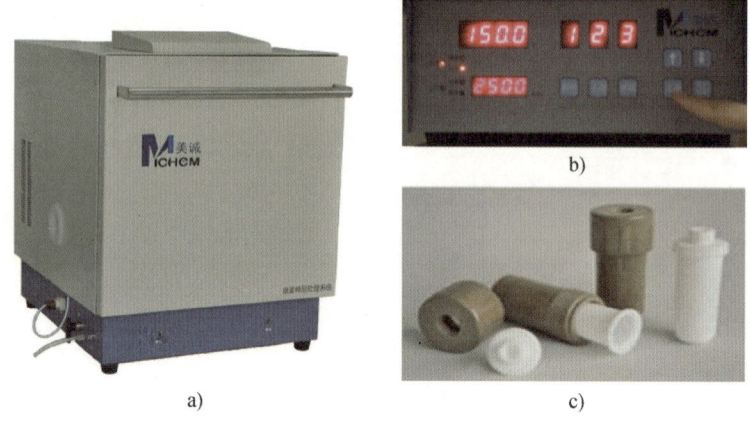

图 4-1-3　微波炉体、微波控制箱和微波消解罐
a）微波炉体　b）微波控制箱　c）微波消解罐

微波消解罐由消解罐内罐、内罐盖、外罐、外罐盖四部分组成，如图 4-1-4 所示。

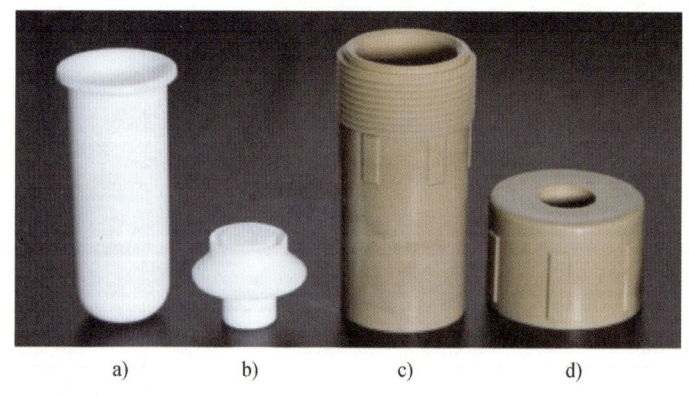

图 4-1-4　微波消解罐
a）消解罐内罐　b）内罐盖　c）外罐　d）外罐盖

微波消解罐的种类有样品罐和测量罐两种，两者的外形及区别如图 4-1-5 所示。其中测量罐只能用来测定样品值，不能用来测定空白的值。内罐需要用 5% 硝酸溶液浸泡一夜，并用超纯水冲洗干净。

四、实验依据

本实验参照国家标准 GB 5009.90—2016（见图 4-1-6a）和仪器附带的应用方法汇编

（见图 4-1-6b），样品称样量、添加酸液的量以及升温程序的设置参照应用方法汇编。

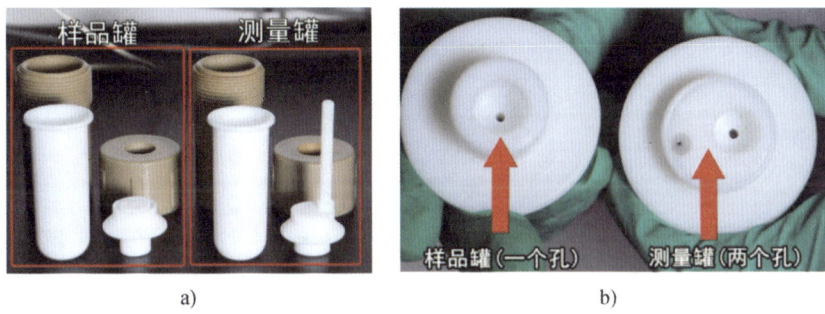

图 4-1-5　样品罐和测量罐

a）外形　b）区别

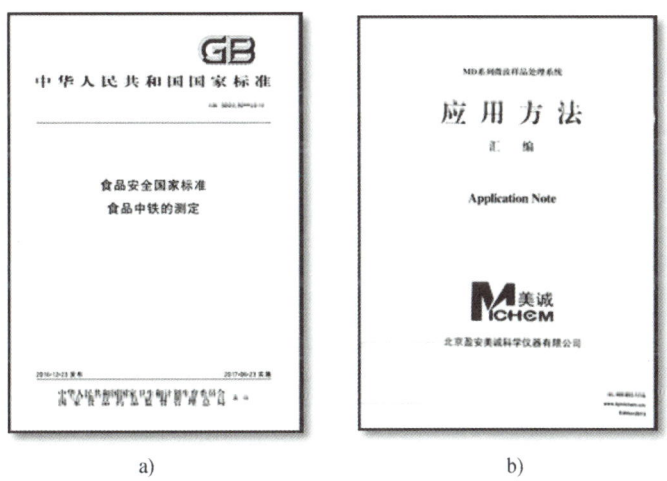

图 4-1-6　微波消解测定方法

a）GB 5009.90—2016 标准　b）美诚 MD6 系列微波样品处理系统应用方法汇编

五、微波消解仪的操作

微波消解进行食品样品前处理的基本流程如图 4-1-7 所示。

食品元素分析

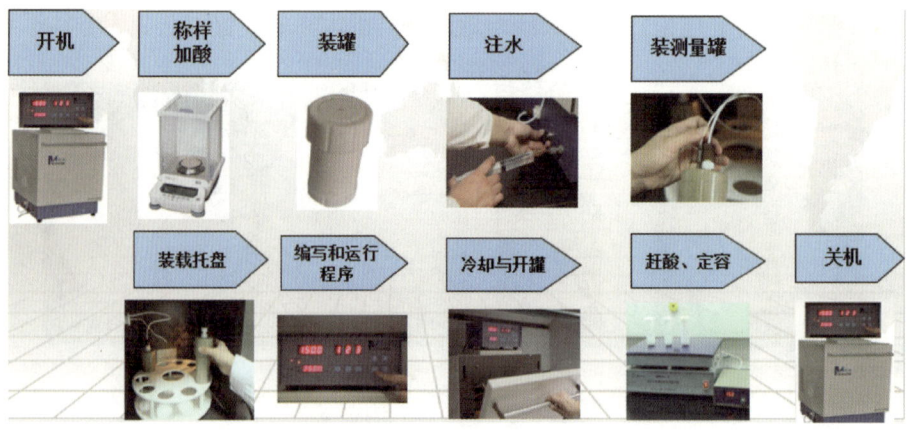

图 4-1-7 微波消解的基本流程

微波消解进行食品样品前处理的具体操作如下：

图示	操作步骤	说明
	1. 开机	连接仪器电源线，打开微波炉体开关、微波控制箱开关
15 面包 0.2 HNO₃5 mL, H₂O₂1 mL 16 浓缩苹果汁 0.2 HNO₃5 mL 17 奶粉 0.3 HNO₃5 mL, H₂O₂1 mL 18 牛奶 0.2 HNO₃5 mL, H₂O₂1 mL 19 蘑菇 0.2 HNO₃5 mL, H₂O₂1 mL 20 番茄酱 0.2 HNO₃5 mL, H₂O₂1 mL	2. 称样加酸 依据仪器配套应用方法汇编中样品的称样量和加酸用量 （1）加样品。称取 0.1~0.5 g（精确至 0.000 1 g）样品放到称量纸上，将样品转移到内罐中，且尽量不要撒到内罐壁上	1. 在加样品、加酸之前，确保内、外罐干燥、清洁、无裂缝 2. 不可将微波消解罐置于烤箱或烘箱中烘烤 3. 该操作须在通风橱中进行，并戴好防酸手套和口罩，穿好工作服；尽可能避免使用高氯酸；慎用其他沸点高的酸；不要超过规定的体积限制

续表

图示	操作步骤	说明
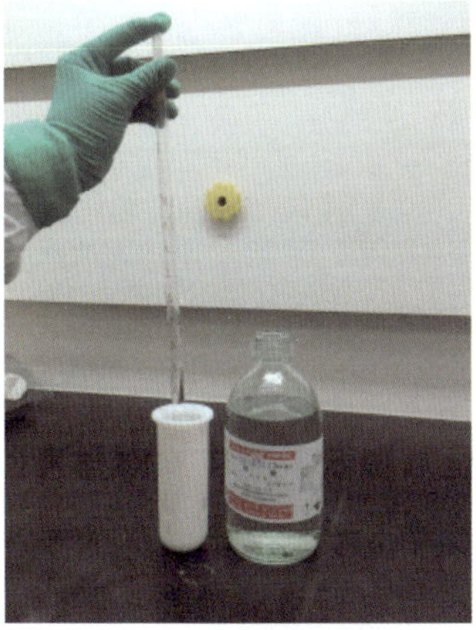	（2）加酸。取 1~5 mL 硝酸、1~2 mL 过氧化氢分别加入内罐中；轻轻晃动，尽量使样品与酸充分接触	
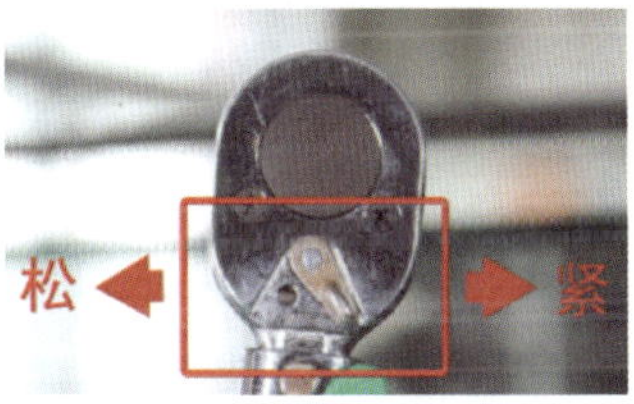 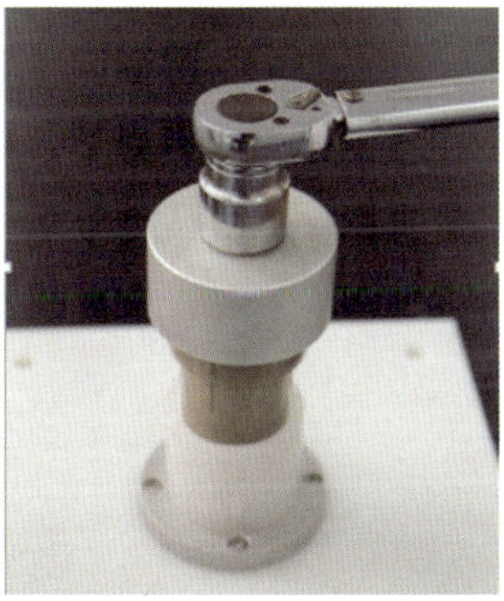  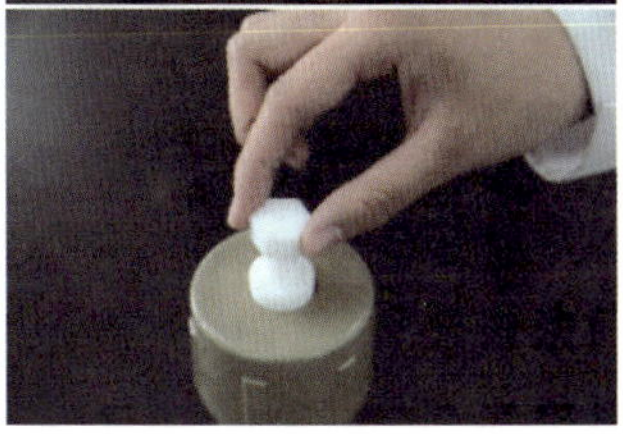	3. 装罐 （1）将内罐盖上内罐盖并放入外罐中，将外罐盖拧在外罐上，并用手尽力拧紧外罐盖 （2）将外罐放到定位工装中，注意外罐底部的 3 个孔对齐工装的 3 个定位销 （3）外罐盖套上铝帽，注意牙与槽的配合，将铝帽顶部的六方扣上力矩扳手的套筒 （4）用扭力扳手（设定 24.5 Nm）拧紧至发出"嘎巴"的响声（注意：扭力扳手为左松右紧） （5）取出旧的防爆膜，将新的防爆膜放入样品罐上端的气孔内 （6）将瓷堵头垂直拧在对应样品罐上端的气孔上，用手拧紧后再用不锈钢小扳手轻轻拧 0.5° 的角度	1. 除测压罐外，所有样品罐的压力盖气孔上必须放且只放一片防爆膜。每次实验前应更换防爆膜 2. 瓷堵头要垂直拧下，如在拧的时候有斜向下的情况，应立即停止拧紧，待位置确认垂直后再拧 3. 用不锈钢小扳手时，角度切勿拧得过大 注．测量罐中不放防爆膜和瓷堵头

续表

图示	操作步骤	说明
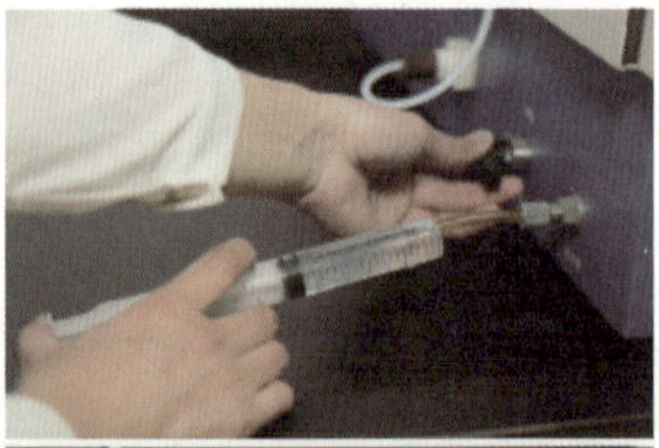 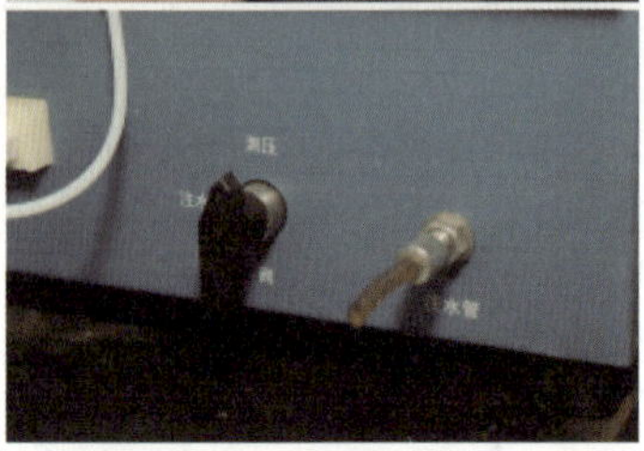	4. 注水 （1）在 25 mL 注射器中吸入去离子水，将注射器接在注水口的导管上 （2）将注水阀门打到"注水"挡 （3）在出水端用烧杯盛装流出的水，直至水流出通畅并不夹杂气泡为止 （4）注水完毕后将注水阀门打回到"测压"挡	1. 每次实验前必须注水 2. 注水完毕一定要将注水阀门打到"测压"挡 3. 长时间不用需用去离子水多次冲洗测压管路 注：在实验进行过程中禁止动注水阀门
 	5. 装测量罐 （1）先用一只手拿好测压接头，用另一只手拿测压罐，沿逆时针方向拧罐，使测压接头与罐紧密连接 （2）将温度传感器探头放入相应的温度传感器套管内	可用扳手再次拧紧测压接头 注意：温度测试探头要伸到套管的最里端
 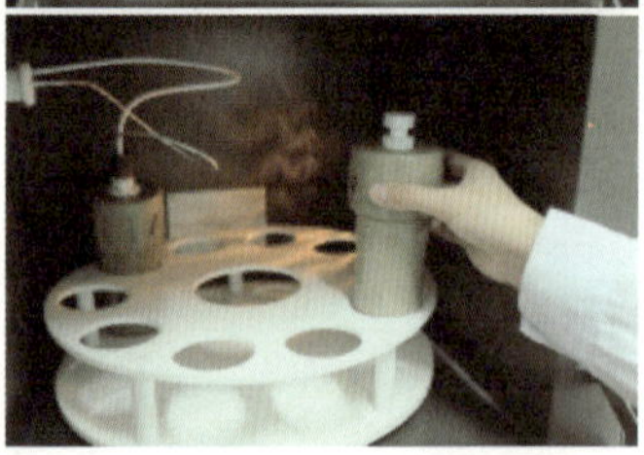	6. 装载托盘 （1）按住转盘运行开关使转盘往返运动，当转盘顺转刚要反转的时候，选择靠近左侧炉壁的位置为测量罐位置 （2）将其余样品罐对称地放到其余位置上 （3）按住转盘运行开关，检查转动情况是否正常 （4）关紧防爆平移门	1. 确保测压水线与温度传感器导线不缠绕 2. 当样品罐不能布满转盘支架时，应尽量对称地将样品罐放置在转盘支架上

续表

图示	操作步骤	说明
工步 / 设定温度℃ / 保持时间min 1 / 120 / 5 2 / 150 / 5 3 / 180 / 5	7. 编写和运行程序 （1）根据仪器说明书得到样品最佳升温程序 （2）通过控制微波控制箱进行升温程序设置： 程序1工步按到1，时间调到5 min，"选择"键至"温度"灯亮，调节温度至120 ℃；工步按到2，时间调到5 min，"选择"键至"温度"灯亮，调节温度至150 ℃；工步按到3，时间调到5 min，"选择"键至"温度"灯亮，调节温度至180 ℃；工步按到4，时间调到1 min，"选择"键至"温度"灯亮，调节温度至0 ℃，此步为降温程序；工步按到0，温度显示A-08，"选择"键至"压力"灯亮，调节压力至2 500 kPa，此步进行保护压力的设置 （3）"选择"键至"运行"灯亮，按住"运行"键，看到运行灯亮，听到仪器运行的声音，微波消解仪执行升温程序，进行消解至完成	1. 严格按照应用方法要求的样品用量、加热工步编写处理程序 2. 每次实验前检查程序是否正确 3. 程序运行时，不可随意动微波消解炉电源开关和排风扇开关

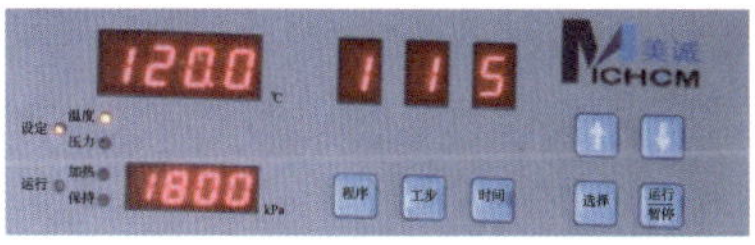

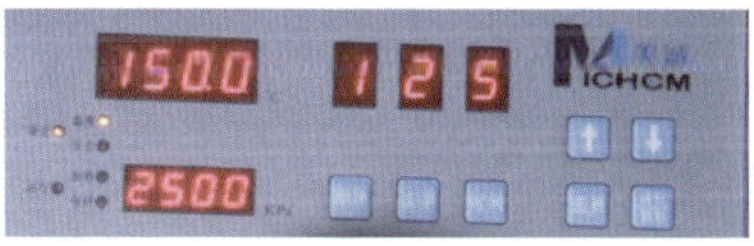

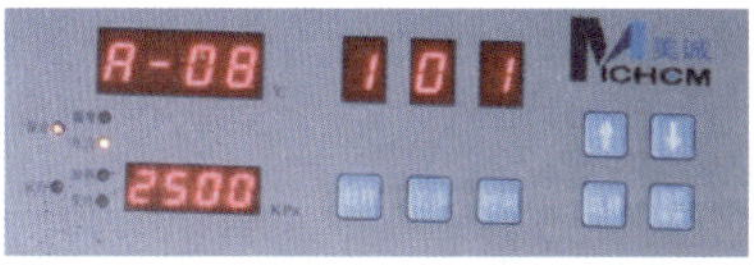

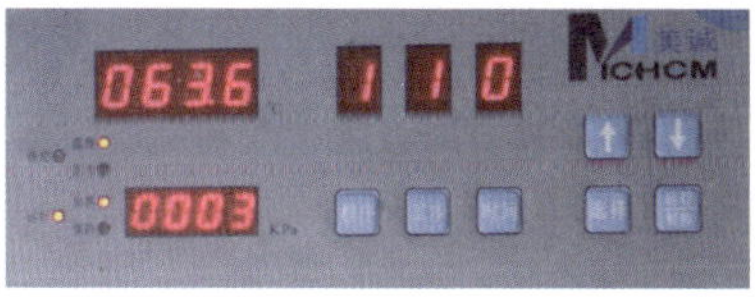

续表

图示	操作步骤	说明
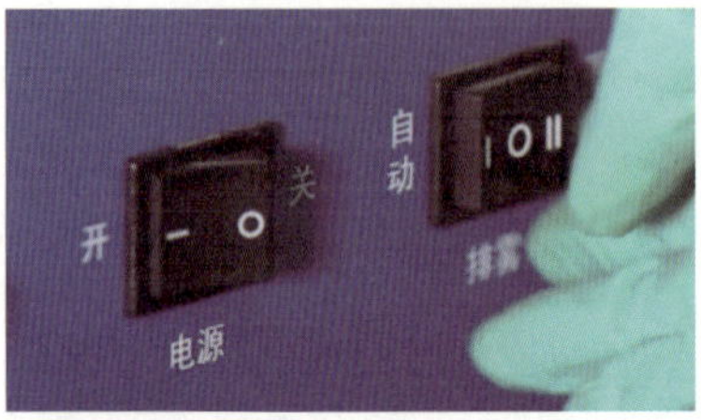 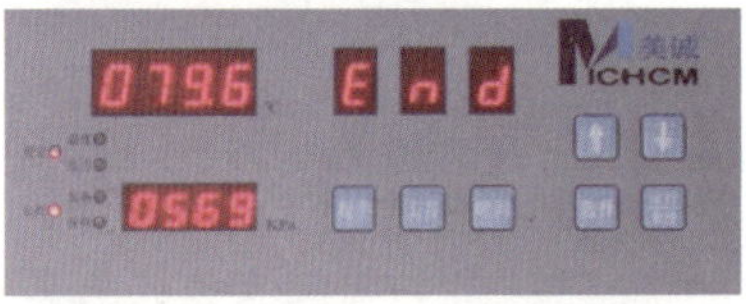  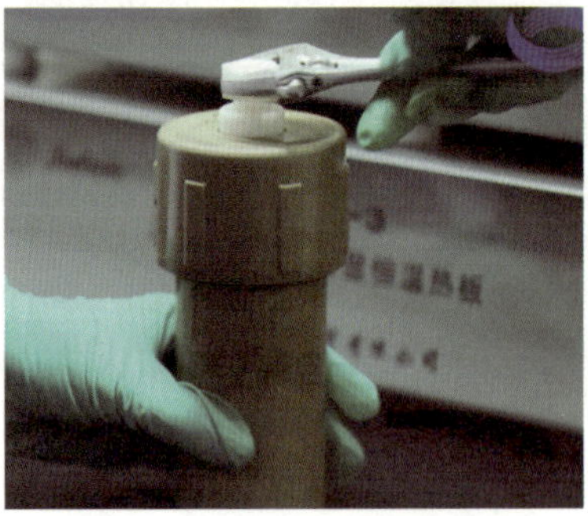	8.冷却与开罐 （1）样品处理完成后，关掉电源，将排风扇开关指向"手动"挡，待温度降低到150 ℃以下，便可以打开微波炉门 （2）从微波消解炉中取出样品罐，放置在空气中或浸泡在冷水中，冷却到室温，即可打开样品罐。在温度显示80 ℃以下、压力低于500 kPa时，方可打开测量罐 （3）样品罐在通风橱里打开。用扳手轻轻转动瓷堵头，见到冒烟，立刻拉下通风橱，用排风扇排出酸雾，反复几次，放尽为止 （4）测量罐，只能在炉腔内开启。操作：将打湿的纱布包在测压嘴的外端，逆时针打开测压嘴，见到冒烟，立刻关门，用排风扇排出酸雾，反复几次，放尽为止 （5）用扭力扳手旋开罐体	不要用冷水自上而下浇外罐盖，以免冷热相激使之破裂；测量罐可以单独放进盛水的大烧杯，水深不要超过外罐盖下边缘的高度，以免污染样品 以上操作必须在通风橱中进行，操作人必须戴安全手套，不要将罐口对准自己或他人

续表

图示	操作步骤	说明
 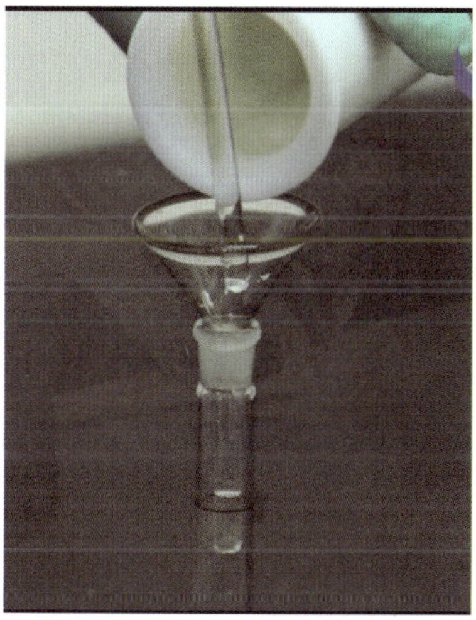	9. 赶酸定容 （1）将消化好的样品取出其内罐，放置在电热板上 （2）在电热板上于140~160 ℃加热（赶酸）至1.0 mL左右 （3）冷却后将消化液转移至25 mL容量瓶中，用少量水洗涤内罐和内盖2~3次，合并洗涤液于容量瓶中并用超纯水定容至刻度，混匀备用	需在通风处进行
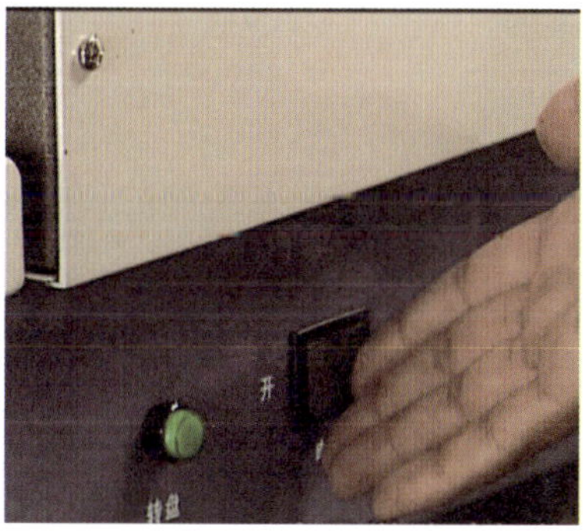	10. 关机 关闭炉门，用手按下"开关"键，拔掉电源线	

续表

图示	操作步骤	说明
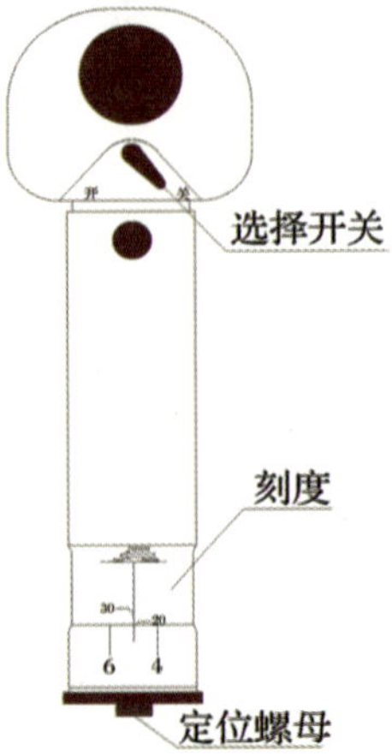 (选择开关、刻度、定位螺母示意图)	附：扭力扳手设置方法将选择开关调至开或关，选择拧紧或松开罐的状态。从刻度上读出设定的压力值	压力设定不可超过罐的最高耐压范围。设定完毕要用定位螺母将设定的数值锁紧。保持扭力扳手干燥，防止有刻度的部位生锈

六、微波消解仪的维护

1. 电源条件

地线必须要有效，插座的地线和中线避免短路。

2. 微波炉腔

每次工作完毕应擦拭干净，避免气雾长期腐蚀，避免磕碰、划伤。

3. 消解罐

检查：使用前后应检查消解罐是否有机械损伤，如有应及时替换。使用时保证消解罐各部分干燥，防止局部吸收微波温度过高而损坏。

清洗：内罐可用5%的稀硝酸浸泡一夜，减少残留吸附，然后用超纯水冲洗。内罐不要用硬刷刷洗。

4. 磁控管

炉内负载不能太少，罐数≥3个；每次工作时间不能过长，避免磁控管过热，减少寿命。

5. 瓷堵头

一定要拧紧，手拧不动时，用小扳手转动0.5°，避免酸泄漏。

6. 温度传感器

安装时，温度传感器一定要插到底部，以避免下面有空气受热膨胀将其顶出来。温度设定值不宜过高。

7. 压力传感器

首次使用前和每次使用后必须注水，以使压力传递迅速、灵敏，还可以避免酸腐蚀。

【评价反馈】

"微波消解"考核评价表

素质	内容 学习目标	评价项目	评价 自我评价（30%）	小组评价（30%）	教师评价（40%）
知识能力（20分）	应知应会	1. 理解微波消解仪的原理 2. 知道微波消解仪的结构 3. 了解微波消解仪的特点和应用			
专业能力（50分）	准备工作（10分）	1. 消解内罐在5%硝酸溶液中浸泡 2. 微波消解仪的注水准备			
	微波消解操作（30分）	掌握微波消解罐的正确安装			
		正确装载托盘			
		能够准确编写和运行升温程序			
		正确进行赶酸的操作			
		正确进行定容的操作			
	遵守安全、卫生要求（10分）	1. 遵守实验室安全规范 2. 遵守实验室卫生规范			
通用能力（20分）	语言能力（5分）	1. 准确阐述自己的观点 2. 专业术语表达准确			
	合作能力（5分）	1. 能与同学配合共同完成任务 2. 具有组织和协调能力			
	发现、解决问题能力（5分）	1. 善于发现实验过程中的问题 2. 自主分析和解决实验中的问题			
	创新能力（5分）	1. 善于总结工作经验 2. 善于体验新的检验方法			

续表

素质	内容		评价		
	学习目标	评价项目	自我评价（30%）	小组评价（30%）	教师评价（40%）
态度（10分）	认真、细致、勤劳	整个实验过程认真、仔细、勤劳			
小计					
总分					

【思考与练习】

一、选择题

微波消解法的原理：系统对密闭罐内的样品和溶剂加热，高频微波作用下，被加热物质分子会高速振荡而产生高热，且在（　　）的作用下，在低温下快速的除去干扰，富集待测成分。

A. 高压密封　　　　B. 常压密封　　　　C. 高压开放　　　　D. 常压开放

二、判断题

1. 微波消解法特点：快捷、高效、简便、节约试剂、空白值低，避免易挥发元素损失，回收率高，减少污染，通用性强，适用性广等。（　　）

2. 微波消解法分为常压微波消解、高压密封微波消解、聚焦微波消解，其中应用最多的为常压微波消解。（　　）

3. 微波消解法广泛应用于环境、食品、医学等领域样品前处理。（　　）

4. 应用原子吸收光谱法的样品需进行前处理：使待测元素处于游离状态，并去除干扰。（　　）

5. 仪器维护是仪器管理的重要环节，目的是延长仪器使用寿命，维持其良好的精度和性能。（　　）

三、填空题

1. 每个微波消解系统：＿＿＿＿消解罐，其中＿＿＿＿＿＿＿＿个测量罐＿＿＿＿＿＿＿＿个样品罐，样品罐与测量罐的区别是测量罐的内罐盖上有＿＿＿＿＿＿＿＿个孔，分别测量压力和温度。每个消解罐由内罐和外罐组成。

2. 高压密封微波消解仪器的组成：＿＿＿＿＿＿、＿＿＿＿＿＿、＿＿＿＿＿＿。

3. 微波消解仪的操作程序：开机，称样加酸，装罐，＿＿＿＿＿＿，装测量罐，装载托盘，＿＿＿＿＿＿，冷却与开罐，＿＿＿＿＿＿，关机。

4.应用微波消解仪时，使用前后应检查消解罐是否_____，如有应及时替换。使用时保证消解罐_____，防止局部吸收微波温度过高而损坏。

5.微波消解仪装罐过程：（1）内罐盖上盖装入外罐，把外罐盖拧在外罐上，放到定位工装中，注意外罐底部的3个孔对齐工装分3个定位销。（2）外罐盖套上铝帽，用扭力扳手拧紧至发出"嘎巴"的响声。（3）将_____放入样品罐上端气孔内。（4）将_____垂直拧在对应样品罐上端的气孔上，用扳手拧紧0.5°。

（2）样品前处理——干法灰化法

【学习目标】

1. 掌握干法灰化法的原理和优缺点。
2. 掌握干法灰化处理样品的方法。
3. 通过任务实施，养成科学严谨的思维，以及主动接受并按时完成工作的积极态度。

【任务描述】

某品牌奶粉委托实验室对该批产品的铁元素含量进行测定，现需要对该测定样品进行预处理。本任务依据《食品安全国家标准 食品中铁的测定》（GB 5009.90—2016）中的"第一法 火焰原子吸收光谱法"中试样处理的方法——干法灰化为例进行操作。

【学前准备】

（一）学习资料

见"信息单"及仪器分析等相关资料。

（二）其他参考资料来源

1.《原子吸收光谱分析》等相关书籍。
2.仪器分析类网站。

（三）思考题

1.炭化是测定食品灰分中非常重要的一个操作步骤，可以省略吗？为什么？

2. 对于难灰化的样品可采取什么措施加速灰化？

【任务实施】

（一）仪器及材料

1. 仪器：马弗炉、电炉。
2. 材料及试剂：超纯水、硝酸溶液。

（二）工作流程

确定工作任务→查找资料→填写检测任务单→设计方案→修订方案→完成任务。

（三）实施过程

分小组采用干法灰化法完成样品的处理。

【信息单】

一、干法灰化

干法灰化法是测定食物中无机物含量的一种方法。因为食物中的无机元素会与有机物质结合，形成难溶、难离解的化合物，故测定食物中无机物含量时，常采用有机物破坏法来消除有机物的干扰。

干法灰化，又称灰化法或灼烧法，是指用高温灼烧的方式破坏样品中有机物的方法。除汞外的大多数金属元素和部分非金属的测定均可用此法。

此法的具体操作是将一定量的样品置于坩埚中加热，使其中的有机物脱水、炭化、分解、氧化，再置于马弗炉中（500~550 ℃）灼烧灰化，直至残灰为白色或浅灰色为止。得到的残灰即为无机成分，可制成溶液供测定。

此法的主要特点是处理的样品量较大，破坏彻底，操作简单，试剂用量少，空白值低，安全，但所用时间长，并且高温会导致易挥发元素的损失，对于有些元素的测定，必要时可加助灰剂。

二、灰化条件的选择

1. 灰化温度

由于各种食品中无机物质的组成、性质及含量不同，故灰化温度也应有所不同，一般为500~550 ℃。灰化温度过高不但会引起钾、钠、氯等元素的挥发损失，而且磷酸盐、硅酸盐类也会熔融，将炭粒包藏起来，使其无法氧化；而灰化温度过低则不但会导致灰化速度慢，时间长，灰化不完全，而且也不利于除去过剩的未被碱吸收的二氧化碳。

2. 灰化时间

对于一般样品并不规定时间，要求灼烧至灰分呈全白色或浅灰色，无炭粒存在并到达恒重为止。通常，灰化至恒重的时间因试样不同而有所差异，一般需 2~24 h。而对于有些食品，其灰分的颜色不一定呈全白色或浅灰色。所以，应根据试样的组成和性状来观察灰分的颜色，正确判断灰化的程度，以确定正确的灰化时间。

二、加速灰化的方法

对于难灰化的样品，可根据其不同性质对其加速灰化。

（一）加入去离子水

样品初步灼烧后，取出坩埚，冷却，从灰化容器边缘慢慢加入少量的去离子水，使水溶性盐类溶解，被包住的炭粒暴露出来，在水浴上小心地蒸去水分，置于 120~130 ℃ 烘箱中充分干燥，再灼烧至恒重。

（二）加入硝酸、碳酸铵、过氧化氢

样品初步灼烧后，取出坩埚，冷却，加入几滴硝酸或过氧化氢，利于其氧化作用加速炭粒灰化。在样品中加入碳酸铵可起到疏松作用，有利于灼烧时分解的气体逸出，使灰分呈疏松状态，促进灰化进行。而这些试剂在灼烧后又会完全分解为气体逸出，不增加灰分的质量。

（三）加入醋酸镁、硝酸镁

含镁化合物可与磷酸结合，以避免磷酸盐在高温下熔融，并在灰分中起到疏松剂的作用，以免灰分被包裹，加速灰化，此法应同时做试样空白试验。

三、马弗炉

马弗炉是一种通用的加热设备，依据外观形状可分为箱式炉、管式炉、坩埚炉。

（一）马弗炉的结构

马弗炉一般由炉膛、自动温度控制器和热电偶组成。炉膛由耐高温而无胀缩破裂的

氧化硅结合体制成。炉膛内、外壁之间有空槽，电阻丝便串在空槽中，炉膛四周都有电阻丝，通电后，整个炉膛周围被均匀加热而产生高温。

（二）马弗炉的使用方法

1. 马弗炉第一次使用或长期停用后再次使用时，应先进行烘炉，温度为 200~600 ℃，时间约 4 h。

2. 使用时炉膛温度不得超过最高炉温，也不要长时间在额定温度以上。

3. 工作环境要求无易燃物品和腐蚀性气体。

4. 为确保使用安全，必须加装地线并良好接地。

5. 使用时炉门要轻开轻关，以防损坏机件。

6. 在炉膛内放取样品时，应先切断电源并轻拿轻放，以保证安全，避免损坏炉膛。

7. 为延长产品使用寿命和保证安全，在设备使用结束之后，关掉电源，待样品温度降至 200 ℃ 左右时从炉膛内取出样品。

四、干法灰化的操作方法

以奶粉样品为例进行干法灰化处理。

图示	操作步骤	说明
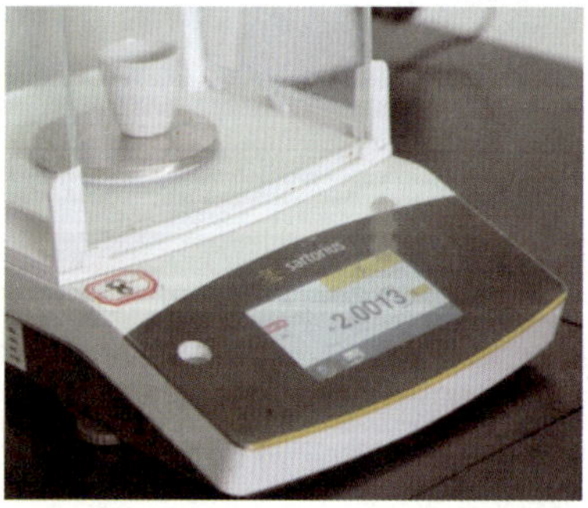	1. 称样 称取 2 g 奶粉试样于干燥、洁净的瓷坩埚中	精确至 0.000 1 g
	2. 炭化 将盛有奶粉的坩埚放在电炉上，加盖并留有缝隙。接通电炉电源，以小火加热，使试样充分炭化至无烟。关闭电炉，取下坩埚	注意事项： 1. 炭化过程中小火加热，避免温度过高，以致试样中的水分急剧蒸发而使试样飞扬 2. 炭化时会冒烟，因此要在通风橱中进行

续表

图示	操作步骤	说明
	3. 灰化 （1）放入待灰化样品 　　打开马弗炉炉门，将炭化后的坩埚转移至马弗炉中，要求坩埚不得接触炉膛内壁，坩埚盖同炭化时一样要斜置，关好炉门	注意：马弗炉使用完毕，不可立即打开炉门，以免炉膛突然受冷碎裂
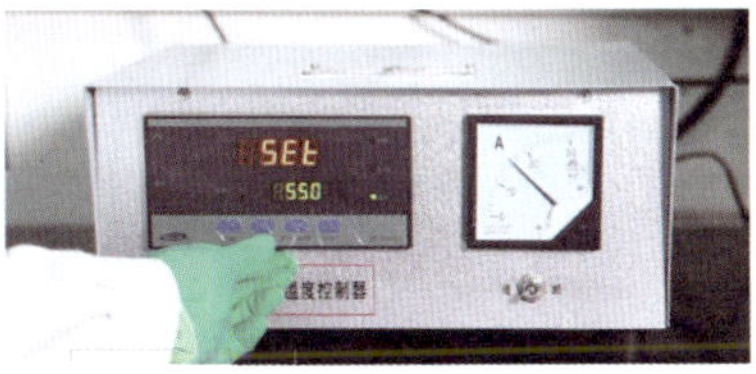	（2）设定温度条件 　　接通电源，打开仪器开关，温度设定为 550 ℃	
	（3）升温、恒温、降温 　　仪器开始升温，达到所需温度后维持该温度 3~4 h。灰化结束后，关闭仪器开关，使其自然降温，当温度降到 200 ℃ 左右时，方可将坩埚取出。如急用，炉门可先开一条小缝，让其降温加快	注意：在此过程中要有专人看管
	（4）取出坩埚，观察试样的颜色 　　用坩埚钳将坩埚取出，取出时要在炉口停留片刻，使坩埚冷却，防止坩埚破裂。若灰化后试样为灰白色，说明灰化完全。若坩埚中仍有炭粒存在，要加数滴硝酸，于电炉上小火加热，小心蒸干。再转入 550 ℃ 马弗炉中，继续灰化 1~2 h，至试样呈灰白色	由于炉膛温度较高，操作时须戴上手套，避免烫伤
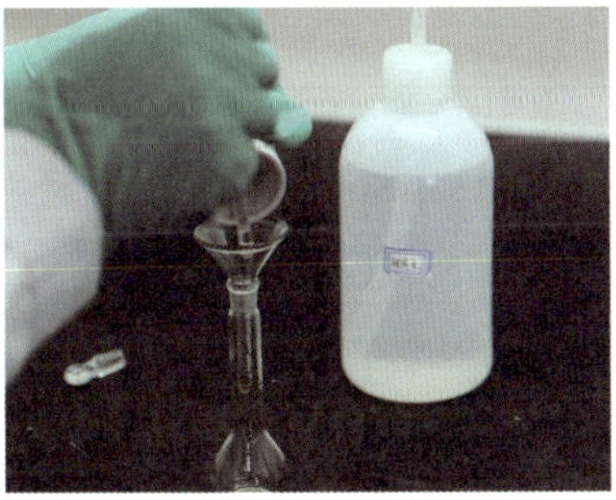	4. 溶解、定容 　　将灰化好的试样，用适量的（1+1）硝酸溶液溶解，并用水定容至 25 mL，混匀，备用	

【评价反馈】

"干法灰化法"考核评价表

素质	内容		评价		
	学习目标	评价项目	自我评价（30%）	小组评价（30%）	教师评价（40%）
知识能力（20分）	应知应会	1. 知道干法灰化的概念 2. 知道干法灰化的优缺点 3. 知道干法灰化处理样品的操作方法			
专业能力（50分）	准备工作（10分）	1. 试剂的配制准确 2. 仪器的准备正确			
	干法灰化操作（30分）	样品的采集符合标准			
		样品的制备动作熟练			
		能用干法灰化法处理样品			
		能正确使用马弗炉灰化样品，操作规范、熟练			
		能对炭化和灰化结果进行正确判断			
	遵守安全、卫生要求（10分）	1. 遵守实验室安全规范 2. 遵守实验室卫生规范			
通用能力（20分）	语言能力（5分）	1. 准确阐述自己的观点 2. 专业术语表达准确			
	合作能力（5分）	1. 能与同学配合共同完成任务 2. 具有组织和协调能力			
	发现、解决问题能力（5分）	1. 善于发现实验过程中的问题 2. 自主分析和解决实验中的问题			
	创新能力（5分）	1. 善于总结工作经验 2. 善于体验新的检验方法			
态度（10分）	认真、细致、勤劳	整个实验过程认真、仔细、勤劳			
小计					
总分					

【思考与练习】

一、选择题

1. 干法灰化法处理样品中不会用到的实验仪器是（　　）。
   A. 马弗炉　　　　　　　　　　　　B. 坩埚
   C. 原子吸收光谱仪　　　　　　　　D. 电炉

2. 用马弗炉灰化样品时常用的温度为（　　）℃。
   A. 120~150　　　B. 300~400　　　C. 500~550　　　D. 50~100

3. 干法灰化处理样品应炭化至（　　）为止。
   A. 黄色　　　　B. 白色　　　　C. 无黑烟　　　　D. 绿色

4. 样品经高温灼烧后，正常的灰化完全的颜色为（　　）。
   A. 黄色　　　　B. 白色或浅灰色　　　C. 黑色　　　　D. 蓝色

5. 样品炭化时，应采用（　　）的方法进行炭化。
   A. 先低温后高温　　B. 先高温后低温　　C. 保持高温状态　　D. 无要求

二、判断题

1. 灰化时的温度是100 ℃。（　　）
2. 红色的灰分是正常的颜色。（　　）
3. 移取灰分时应快速从550 ℃的马弗炉中将坩埚取出。（　　）
4. 用马弗炉灰化样品时，灰化温度越高越好。（　　）
5. 对于难灰化的样品必要时可加助灰剂。（　　）

三、填空题

1. 干法灰化，又称_____或_____，是指用_____的方式破坏样品中_____的方法。除_____外的大多数金属元素和部分非金属的测定均可用此法。

2. 干法灰化的具体操作是将一定量的样品置于_____中加热，使其中的有机物_____、_____、_____、氧化，再置于_____中（500~550 ℃）灼烧灰化，直至残灰为_____为止。

3. 干法灰化的主要特点是处理的样品量_____，破坏彻底，操作_____，试剂用量_____，空白值_____，安全，但所用时间长。

4. 马弗炉一般由_____、自动温度控制器和_____组成。_____由_____而无胀缩破裂的氧化硅结合体制成。

5. 为了加速样品的灰化，通常加入几滴硝酸或过氧化氢，利用其_____加速炭粒灰化。

（3）样品前处理——湿法消解

【学习目标】

1. 掌握湿法消解的原理和优缺点。
2. 掌握湿法消解处理样品的方法。
3. 通过任务实施，养成科学严谨的思维，以及主动接受并按时完成工作的积极态度。

【任务描述】

某品牌奶粉委托实验室对该批产品的铁元素含量进行测定，现需要对该测定样品进行预处理。本任务依据《食品安全国家标准　食品中铁的测定》（GB 5009.90—2016）中的"第一法　火焰原子吸收光谱法"中试样处理的方法——湿法消解为例进行操作。

【学前准备】

（一）学习资料

见"信息单"及仪器分析等相关资料。

（二）其他参考资料来源

1.《原子吸收光谱分析》等相关书籍。
2. 仪器分析类网站。

（三）思考题

1. 湿法消解的温度应如何控制？
2. 湿法消解过程为什么要进行赶酸？

【任务实施】

（一）仪器及材料

1. 仪器：可调式电热板。
2. 材料及试剂：高氯酸、硝酸溶液。

（二）工作流程

确定工作任务→查找资料→填写检测任务单→设计方案→修订方案→完成任务。

（三）实施过程

分小组采用湿法消解法完成样品的处理。

【信息单】

一、湿法消解

湿法消解，又称消化法，是指通过加入液态强氧化剂对样品进行加热处理，使样品中的有机物完全氧化分解，呈气态散发，使待测成分转化为无机物状态存在于消化液中，供样品测定用。湿法消解常用的强氧化剂有浓硝酸、浓硫酸、高氯酸、过氧化氢、高锰酸钾等。其氧化性强弱依次为高氯酸＞硝酸＞硫酸＞过氧化氢。

湿法消解是一种常用的无机化法，所需时间短、加热温度低，可减少金属元素的挥发损失；但在消化过程中会起泡并产生有毒气体，故需在通风橱中进行，且要有人看管。此法试剂用量大，空白值偏高。

二、消化剂的选择

消化时可根据不同种类的样品而选择有不同性质和特点的消化剂。

1. 硫酸

硫酸具有强氧化性与脱水性，适宜对粗蛋白质样品进行消化及对富脂类样品进行消化、分离。其作用是使有机物分解，蛋白质和少量其他含氮物中的氮转移成铵盐。

2. 过氧化氢与盐酸

可使大多元素组分和无机物质溶解，适宜脂类、蛋白质含量较低的样品。

3. 硝酸与硫酸混合物

具有强于硫酸的氧化性，适用于分解成分复杂、难于消化的样品，消化过程可使样品中的大多数化合物氧化成为离子或水溶性形式。反应中产生的二氧化氮和亚硝酸盐有毒并对许多测定均有干扰，因此，在消化完全后一定要除去。

4. 硝酸、高氯酸和硫酸混合酸

氧化性最强，能快速溶解及氧化样品中的有机物使其分解，但在操作过程中应注意防止爆炸。

三、可调式电热板

可调式电热板是一种通用的加热设备,其主要特点是工作面板材料为不锈钢,有优越的抗腐蚀性能;升温快且均匀,操作简便,使用安全。

使用维护:

1. 电源插座要妥善接地,以便安全。
2. 使用前后应把工作面擦拭干净,其上不允许有水滴、污物、积垢和其他异物残留。
3. 装样试管或其他器皿应在加热前放置于工作面,以防爆裂。
4. 接通电源,合上电源开关,指示灯亮,电热板处于工作状态。
5. 电热板处于工作状态时,应有专人看管。不要用手触摸工作台表面,以防烫伤。
6. 工作完毕,切断电源。

四、湿法消解的操作方法

以奶粉样品为例进行湿法消解法处理。

图示	操作步骤	说明
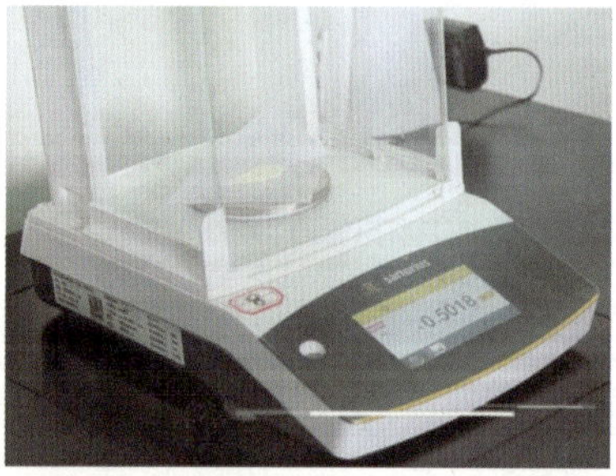	1. 称样 (1)准确称取 0.5 g 奶粉样品	精确至 0.000 1 g
	(2)置于干燥、洁净的锥形瓶中	

续表

图示	操作步骤	说明
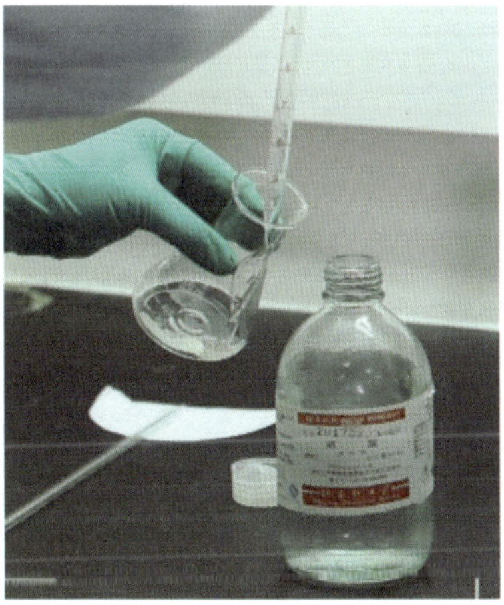	2. 加酸 （1）向锥形瓶中加入 10 mL 硝酸	注意： 由于硝酸和高氯酸都具有强氧化性和强腐蚀性，高氯酸还具有强烈的刺激性，因此，吸取时要戴好手套和口罩，同时在通风橱中进行
	（2）再加 0.5 mL 高氯酸，混匀	

续表

图示	操作步骤	说明
  	3.消解 将锥形瓶盖上表面皿，放置过夜，然后置于可调式电热板上加热，使其处于微沸状态，当消化液呈无色透明或略带黄色时，消化即完成 若消化液的量过少且呈棕褐色，需再加少量硝酸，继续消化，直至消化液呈无色透明或略带黄色为止	注意： 1.样品放置过夜时要盖上表面皿，以减少酸的挥发 2.可调式电热板的温度不能太高，以免泡沫溢出 3.高氯酸的氧化性最强，能快速溶解和氧化样品中的有机物使其分解，但在操作中应注意防止爆炸 4.消解过程中会产生大量烟雾，应在通风橱中进行

续表

图示	操作步骤	说明
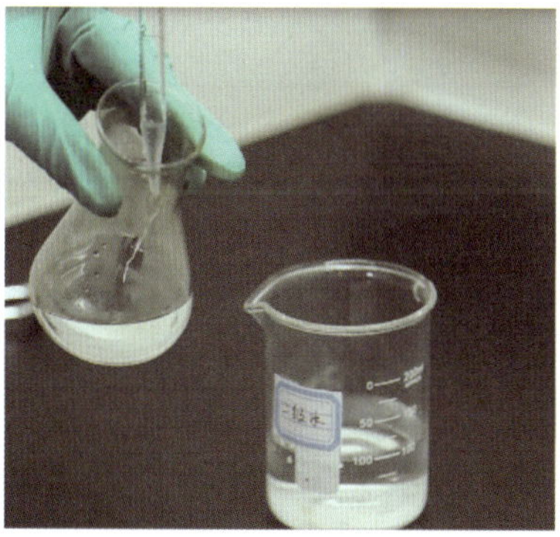	4. 赶酸 消化液冷却后，加入约 10 mL 水继续加热，待锥形瓶中的液体接近 2~3 mL 时，再加入约 10 mL 水，如此处理两次，除去残余的酸，取下锥形瓶，冷却	注意： 1. 加水时要小心且慢慢加入 2. 赶酸仍要在通风橱中进行
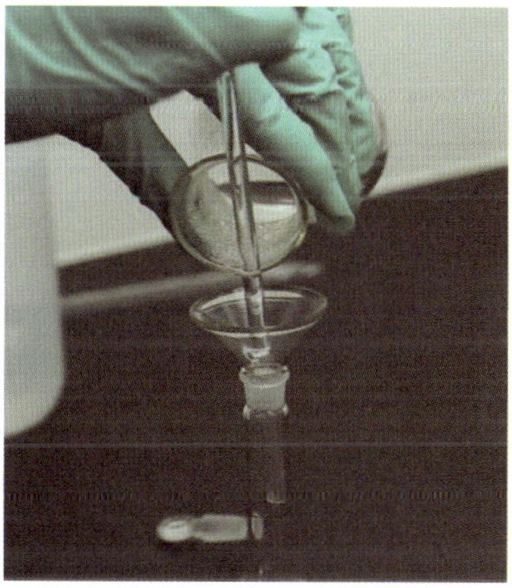	5. 定容 将溶液转移至 25 mL 容量瓶中，用水多次洗涤锥形瓶，洗液并入容量瓶中，定容至刻度，混匀备用	

【评价反馈】

"湿法消解"考核评价表

素质	内容		评价项目	评价		
	学习目标			自我评价（30%）	小组评价（30%）	教师评价（40%）
知识能力（20分）	应知应会		1. 知道湿法消解的概念 2. 知道湿法消解的优缺点 3. 知道湿法消解处理样品的操作方法			

139

续表

素质	内容		评价项目	评价		
	学习目标			自我评价（30%）	小组评价（30%）	教师评价（40%）
专业能力（50分）	准备工作（10分）		1.试剂的正确使用 2.仪器的准备正确			
	湿法消解操作（30分）		样品的采集符合标准			
			样品的制备动作熟练			
			能用湿法消解法处理样品			
			能正确使用可调式电热板处理样品，操作规范熟练			
			能对湿法消解的结果进行正确判断			
	遵守安全、卫生要求（10分）		1.遵守实验室安全规范 2.遵守实验室卫生规范			
通用能力（20分）	语言能力（5分）		1.准确阐述自己的观点 2.专业术语表达准确			
	合作能力（5分）		1.能与同学配合共同完成任务 2.具有组织和协调能力			
	发现、解决问题能力（5分）		1.善于发现实验过程中的问题 2.自主分析和解决实验中的问题			
	创新能力（5分）		1.善于总结工作经验 2.善于体验新的检验方法			
态度（10分）	认真、细致、勤劳		整个实验过程认真、仔细、勤劳			
小计						
总分						

【思考与练习】

一、判断题

1.湿法消解的缺点是试剂用量大，空白值偏高。　　　　　　　　　　（　　）

2.湿法消解需在通风橱中进行，且要有人看管。　　　　　　　　　　（　　）

3.湿法消解过程中要戴好手套和口罩。　　　　　　　　　　　　　　（　　）

4. 消解过程中可调式电热板的温度越高越好。（ ）

5. 高氯酸的氧化性最强，能快速溶解和氧化样品中的有机物使其分解，但在操作中应注意防止爆炸。（ ）

二、填空题

1. 湿法消解，是指通过加入液态_____对样品进行加热处理，使样品中的有机物完全_____，呈气态散发，使待测成分转化为_____状态存在于消化液中，供样品测定用。

2. 湿法消解常用的强氧化剂有浓硝酸、浓硫酸、高氯酸、过氧化氢等。其氧化性强弱依次为_____。消化时根据样品基体的不同选择合适的湿法消解体系。容易被氧化消解的样品基体选择用单一_____即可，难消解的可选择_____体系、_____体系等。

3. 湿法消解是一种常用的无机化法，所需时间_____、加热温度_____，可减少金属元素的挥发损失；但在消化过程中会_____并产生有毒气体。

4. 湿法消解通常用到的主要仪器设备为_____。

5. 湿法消解主要步骤包括_____、_____、_____、_____、定容。

学习任务2　石墨炉原子吸收光谱法测定食品中铅的含量

【学习目标】

1. 认识铅的来源和危害，能复述铅元素的检测原理。
2. 能采用石墨炉原子吸收光谱法进行食品中铅含量的检测。
3. 通过任务实施，养成科学严谨的思维，以及主动接受并按时完成工作的积极态度。

【任务描述】

铅是一种重金属，而铅污染在我们生活中也随处可见。铅可通过食品进入人体内，造成机体损害，并可积累。我国食品中铅污染一直是比较严重的问题，尤其是乳类制品、蛋类、畜禽肉类等。本任务以牛乳为例，按照《食品安全国家标准 食品中铅的测定》(GB 5009.12—2017)中的"第一法 石墨炉原子吸收光谱法"测定牛乳中铅的含量。

【学前准备】

(一)学习资料

见"信息单"及仪器分析等相关资料。

(二)其他参考资料来源

1. 《原子吸收光谱分析技术》等相关书籍。
2. 仪器分析类网站。

(三)思考题

1. 如何从外观判断石墨管是否达到使用寿命?
2. 写出石墨炉原子化器的工作过程。

【任务实施】

(一)仪器及材料

1. 仪器：原子吸收光谱仪（配石墨炉原子化器，附铅空心阴极灯）、分析天平、微波消解系统、可调式电热板。

2. 试剂：硝酸、高氯酸、磷酸二氢铵、硝酸钯、硝酸铅。

3. 试剂配制

(1) 铅标准储备液(1 000 mg/L)：准确称取 1.598 5 g（精确至0.000 1 g）硝酸铅，用少量硝酸溶液(1+9)溶解，移入 1 000 mL 容量瓶，加水至刻度，混匀。

(2) 铅标准中间液(1.00 mg/L)：准确吸取铅标准储备液(1 000 mg/L) 1.00 mL 于 1 000 mL 容量瓶中，加硝酸溶液(5+95)至刻度，混匀。

(3) 铅标准系列溶液：分别吸取铅标准中间液(1.00 mg/L) 0 mL、0.500 mL、1.00 mL、2.00 mL、3.00 mL 和 4.00 mL 于 100 mL 容量瓶中，加硝酸溶液(5+95)至刻度，混匀。此铅标准系列溶液的质量浓度分别为 0 μg/L、5.00 μg/L、10.0 μg/L、20.0 μg/L、30.0 μg/L 和 40.0 μg/L。

(二)工作流程

确定工作任务→查找资料→填写检测任务单→设计方案→修订方案→完成任务→出具报告。

(三)实施过程

分小组完成石墨炉原子吸收光谱法测定食品中铅的含量。

【信息单】

一、铅的概述

铅是一种金属元素，其元素符号是 Pb，原子序数为 82，相对原子质量为 207.2，是所有稳定的化学元素中原子序数最高的，是原子量最大的非放射性元素。铅是略带浅蓝的柔软和延展性强的弱金属，有毒，也是重金属。铅原本的颜色为青白色，在空气中表面很快被一层暗灰色的氧化物覆盖。

金属铅在空气中受到氧、水和二氧化碳的作用，其表面会很快氧化生成保护薄膜；在加热下，铅能很快与氧、硫、卤素化合；铅与冷盐酸、冷硫酸几乎不起作用，能与热或浓盐酸、硫酸反应；铅与稀硝酸反应，但与浓硝酸不反应；铅能缓慢溶于强碱性溶液。

铅可用于建筑、铅酸蓄电池、弹头、炮弹、焊接物料、钓鱼用具、渔业用具、防辐射物料、奖杯和部分合金，例如，电子焊接用的铅锡合金。铅可用作耐硫酸腐蚀、防电离辐射、蓄电池等的材料。其合金可做铅字、轴承、熔丝等，还可做体育运动器材，如铅球。

我国《食品安全国家标准 食品中污染物限量》（GB 2762—2017）中对铅的限量标准做出了规定：谷物及其制品 [麦片、面筋、八宝粥罐头、带馅(料)面米制品除外，稻谷以糙米计] ≤ 0.2 mg/kg，麦片、面筋、八宝粥罐头、带馅(料)面米制品 ≤ 0.5 mg/kg；肉及肉制品：肉类（畜禽内脏除外 ≤ 0.2 mg/kg，畜禽内脏、肉制品 ≤ 0.5 mg/kg；乳及乳制品（生乳、巴氏杀菌乳、灭菌乳、发酵乳、调制乳、乳粉、非脱盐乳清粉除外）≤ 0.3 mg/kg，生乳、巴氏杀菌乳、灭菌乳、发酵乳、调制乳 ≤ 0.05 mg/kg，乳粉、非脱盐乳清粉 ≤ 0.5 mg/kg；蛋及蛋制品（皮蛋、皮蛋肠除外）≤ 0.2 mg/kg，皮蛋、皮蛋肠 ≤ 0.5 mg/kg；调味品（食用盐、香辛料类除外）≤ 1.0 mg/kg，食用盐 ≤ 2.0 mg/kg，香辛料类 ≤ 3.0 mg/kg。

二、铅污染的来源

环境中的铅主要来自两个方面，一是自然来源，指火山爆发的烟尘、飞扬的地面尘粒、森林火灾烟尘及海盐气溶胶等自然现象释放到环境中的铅。另一方面是人为活动，包括铅及其他重金属矿的开采、冶炼、蓄电池工业、玻璃制造业、粉末冶金及相关企业产生的"三废"，燃料油、燃料煤的燃烧废气，油漆、涂料、颜料、彩釉、医药、化妆品、化学试剂及其他含铅制品的生产和使用等。除此之外，铅的农业污染主要来自施肥。汽车排出的含铅废气造成的污染，汽油中用四乙基铅作为抗爆剂（每公斤汽油用 1~3 g），在汽油燃烧过程中，铅随汽车排出的废气进入大气。

三、铅的危害

经饮水、食物进入消化道的铅，有 5%~10% 被人体吸收。通过呼吸道吸入肺部的铅，其吸收沉积率为 30%~50%。人体内血铅和尿铅的含量能反映出体内对铅的吸收情况。急性铅中毒主要表现为：口齿不清、步履不稳、面部痴呆进而耳聋眼瞎、全身麻木，最后精神失常，身体弯曲甚至导致死亡。长期摄入含铅食品可在人体内造成积累而引起慢性中毒，铅的慢性毒性主要作用在人体的造血系统、神经系统、消化系统及肾脏、肺、生殖系统等，损伤呈多系统性，可导致溶血性贫血、神经衰弱、头昏、头痛、失眠、腹绞痛、不育、流产、高血压等症状，还能引起机体抵抗力下降和致癌、致突变作用。

幼儿大脑对铅污染更为敏感，儿童血液中铅的含量超过 0.6 μg/mL 时，就会出现智能发育障碍和行为异常（尤其在儿童学习方面引起明显问题）。临床表现为儿童多动行为：注意力涣散、冲动任性、过分活泼。这是因为铅中毒可使人大脑兴奋抑制功能紊乱，使大脑活动蛋白失活变性，致使某些脑细胞死亡，使相关功能活动停止，使血液中的水分和毒物过多进入脑组织，造成脑水肿。

四、石墨炉原子吸收光谱法测定食品中铅元素的原理

试样消解处理后，经石墨炉原子化，在 283.3 nm 处测定吸光度，在一定浓度范围内铅的吸光度值与铅含量成正比，与标准系列比较定量。

五、用石墨炉原子吸收光谱法测定食品中铅的含量

（一）样品处理

图示	操作步骤	说明
	1. 称取样品 准确移取液体试样 0.500~3.00 mL 于微波消解罐中	

续表

图示	操作步骤	说明
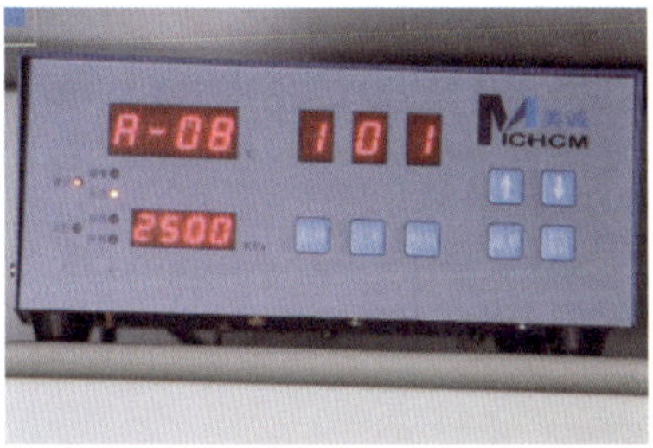	2. 消解样品 加入 5 mL 硝酸，按照微波消解的操作步骤消解试样	
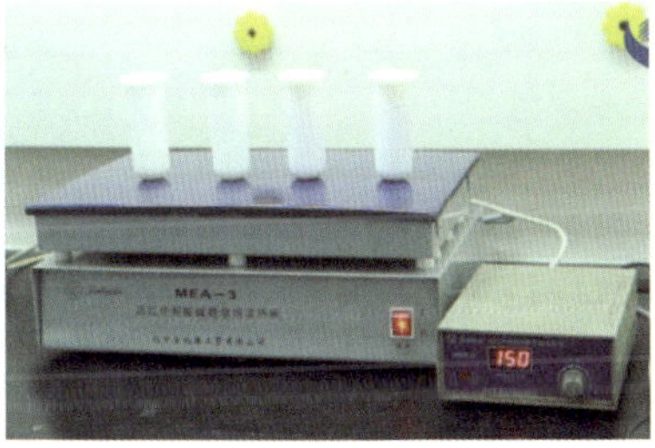	3. 赶酸 冷却后取出消解罐，在可调电热板上于 140~160 ℃ 赶酸至 1 mL 左右	
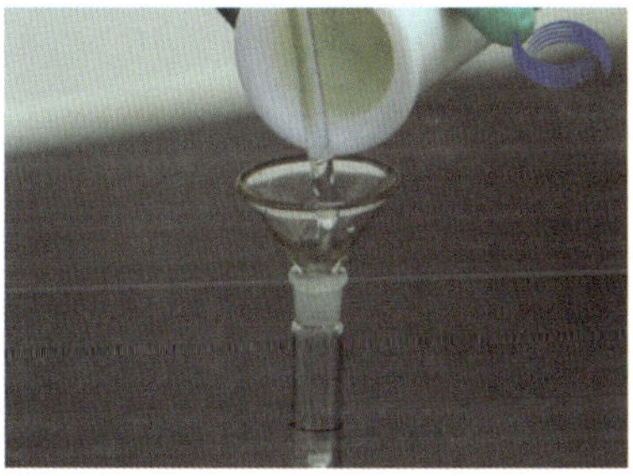	4. 定容样品 消解罐放冷后，将消化液转移至 10 mL 容量瓶中，用少量水洗涤消解罐 2~3 次，合并洗涤液于容量瓶中并用水定容至刻度，混匀备用。同时做试剂空白试验	

（二）样品测定

图示	操作步骤	说明
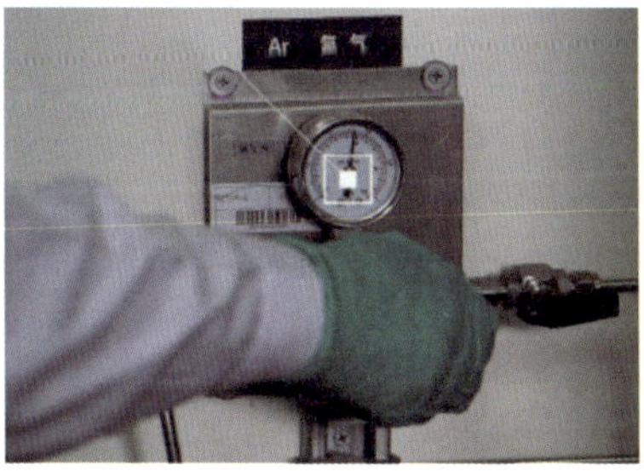	1. 开机准备 （1）确认安装已准确完成后，调节氩气压力为 0.3~0.5 MPa	

续表

图示	操作步骤	说明
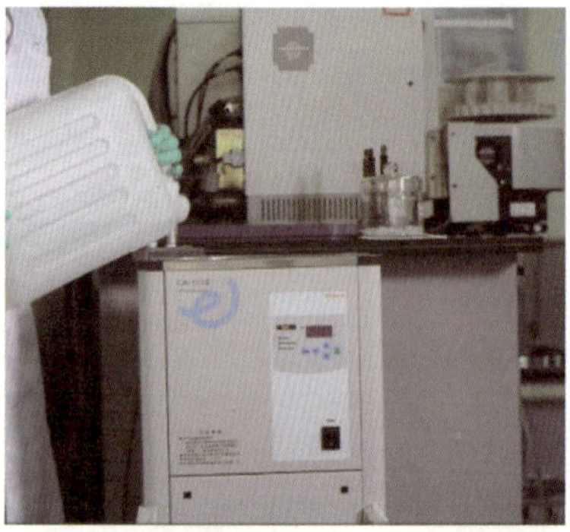	（2）开排风扇和冷却循环水，将冷却循环水温度调节为 20~25 ℃	开启冷却循环水前，加蒸馏水并没过钢圈
	（3）装上铅空心阴极灯，依次打开稳压电源开关、主机开关和计算机开关	铅空心阴极灯预热 20~30 min
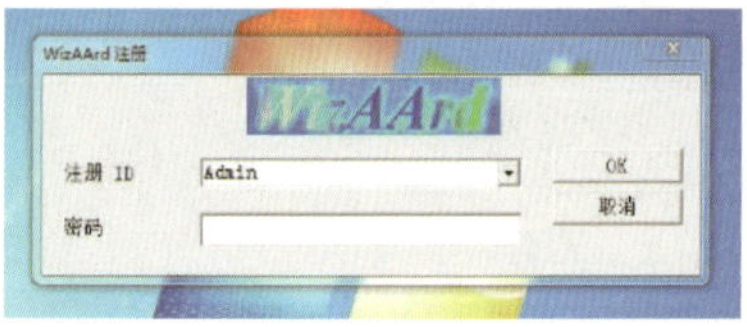	2. 仪器参数设置 （1）打开软件，出现"WizAArd 注册"对话框，输入"admin"，单击"OK"进入"WizAArd 选择"对话框	
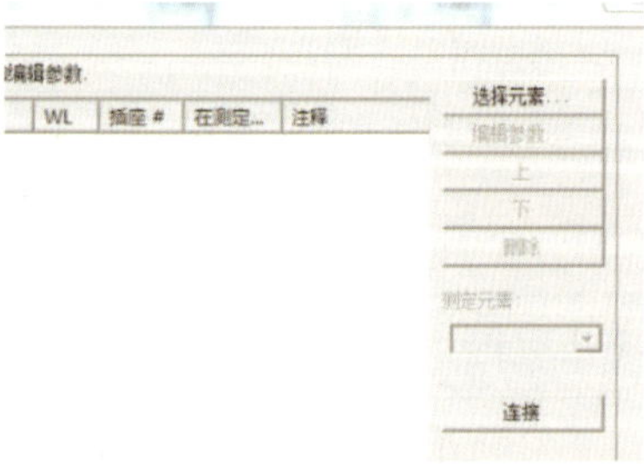	（2）设置参数。单击"元素选择"进入到"元素选择"界面，进行"选择元素"和"编辑参数"的设置	
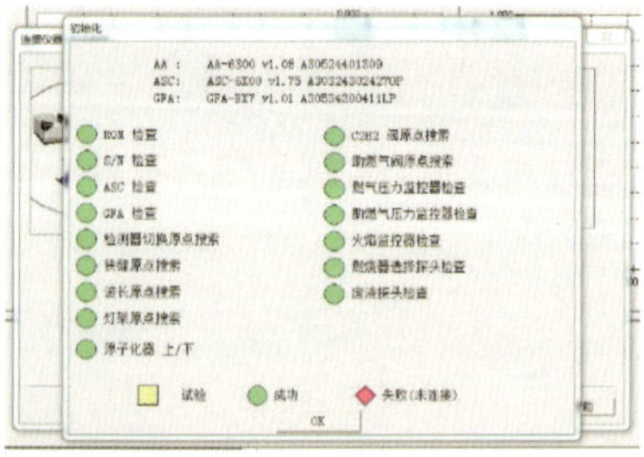	（3）仪器自检。单击"链接"，出现"初始化"屏幕并开始连接仪器，然后 AA 主单元将开始初始化。在初始化完成后，在"测定元素"中指定的元素的参数将自动地设置到仪器上	

续表

图示	操作步骤	说明
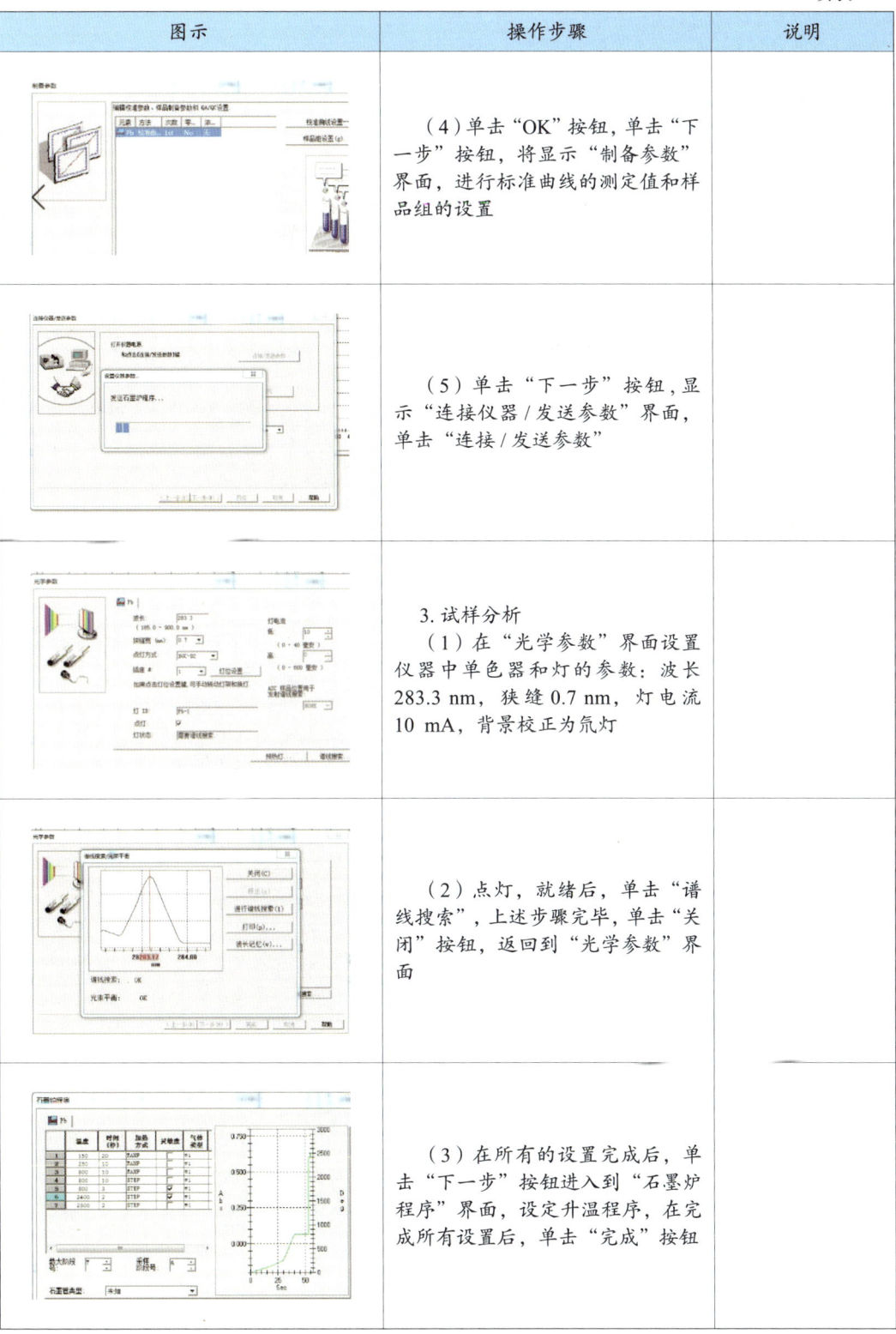	（4）单击"OK"按钮，单击"下一步"按钮，将显示"制备参数"界面，进行标准曲线的测定值和样品组的设置	
	（5）单击"下一步"按钮，显示"连接仪器/发送参数"界面，单击"连接/发送参数"	
	3. 试样分析 （1）在"光学参数"界面设置仪器中单色器和灯的参数：波长283.3 nm，狭缝0.7 nm，灯电流10 mA，背景校正为氘灯	
	（2）点灯，就绪后，单击"谱线搜索"，上述步骤完毕，单击"关闭"按钮，返回到"光学参数"界面	
	（3）在所有的设置完成后，单击"下一步"按钮进入到"石墨炉程序"界面，设定升温程序，在完成所有设置后，单击"完成"按钮	

147

续表

图示	操作步骤	说明
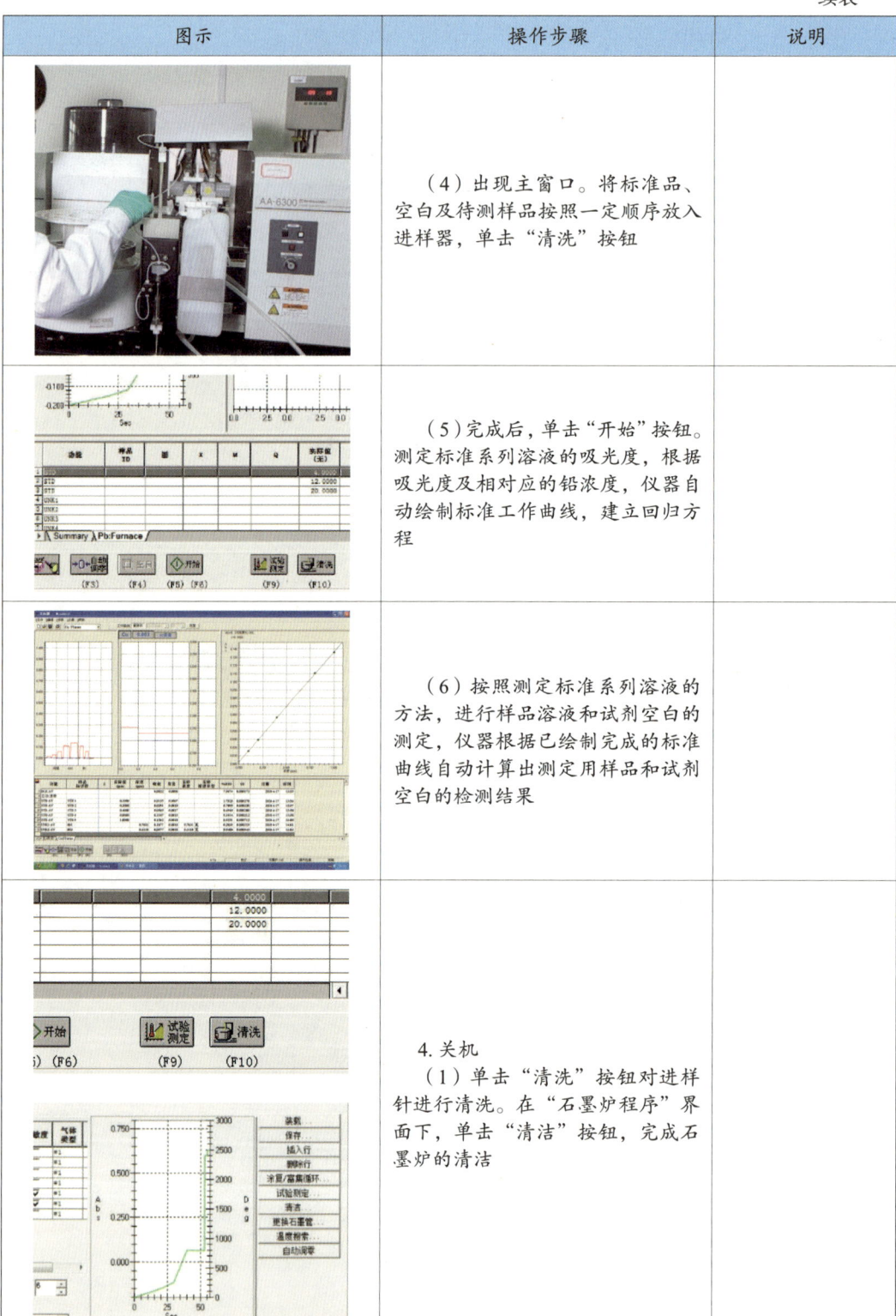	（4）出现主窗口。将标准品、空白及待测样品按照一定顺序放入进样器，单击"清洗"按钮	
	（5）完成后，单击"开始"按钮。测定标准系列溶液的吸光度，根据吸光度及相对应的铅浓度，仪器自动绘制标准工作曲线，建立回归方程	
	（6）按照测定标准系列溶液的方法，进行样品溶液和试剂空白的测定，仪器根据已绘制完成的标准曲线自动计算出测定用样品和试剂空白的检测结果	
	4. 关机 （1）单击"清洗"按钮对进样针进行清洗。在"石墨炉程序"界面下，单击"清洁"按钮，完成石墨炉的清洁	

续表

图示	操作步骤	说明
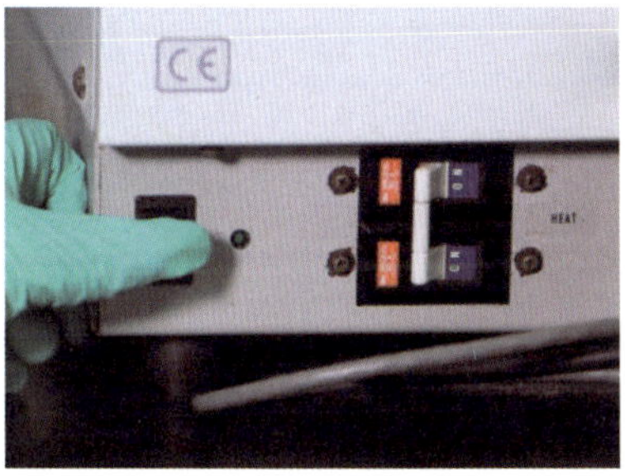	（2）关闭软件，关机。仪器复位，关闭氩气和冷却循环水，填写仪器使用记录。按照7S及相关标准，整理现场及处理废弃物	

六、结果计算

$$X=\frac{(\rho-\rho_0)\times V}{m\times 1\,000}$$

式中　X——试样中铅的含量，单位为 mg/kg 或 mg/L；

　　　ρ——试样溶液中铅的质量浓度，单位为 μg/L；

　　　ρ_0——空白溶液中铅的质量浓度，单位为 μg/L；

　　　V——试样消化液的定容体积，单位为 mL；

　　　m——试样称样量或移取体积，单位为 g 或 mL；

　　　1 000——换算系数。

当铅含量≥1.00 mg/kg(或 mg/L)时，计算结果保留三位有效数字；当铅含量<1.00 mg/kg(或 mg/L)时，计算结果保留两位有效数字。

【评价反馈】

"石墨炉原子吸收光谱法测定食品中铅的含量"考核评价表

素质	内容		评价项目	评价		
	学习目标			自我评价（30%）	小组评价（30%）	教师评价（40%）
知识能力（20分）	应知应会		1.了解铅污染的来源和危害 2.掌握食品中铅的检测方法及原理			

续表

素质	内容	评价项目	评价		
	学习目标		自我评价（30%）	小组评价（30%）	教师评价（40%）
专业能力（50分）	准备工作（10分）	仪器准备齐全并摆放整齐			
		铅标准系列溶液的准备			
		样品溶液的准备			
	食品中铅含量的测定（30分）	样品的采集符合标准			
		样品微波消解操作正确			
		仪器的开、关机操作正确			
		仪器参数的设置正确			
		能对检验结果进行初步分析			
		动作标准，仪器操作熟练			
	遵守安全、卫生要求（10分）	1. 遵守实验室安全规范 2. 遵守实验室卫生规范			
通用能力（20分）	语言能力（5分）	1. 准确阐述自己的观点 2. 专业术语表达准确			
	合作能力（5分）	1. 能与同学配合共同完成任务 2. 具有组织和协调能力			
	发现、解决问题能力（5分）	1. 善于发现实验过程中的问题 2. 自主分析和解决实验中的问题			
	创新能力（5分）	1. 善于总结工作经验 2. 善于体验新的检验方法			
态度（10分）	认真、细致、勤劳	整个实验过程认真、仔细、勤劳			
		小计			
		总分			

【思考与练习】

一、选择题

1. 无火焰原子吸收光谱法定量多采用（　　　）法。

A. 标准加入　　　　B. 工作曲线　　　　C. 直读　　　　D. 间接测定法

2. 用石墨炉原子吸收法测定大气颗粒物中总 Cr 时,应该用(　　)配制标准系列。

A. 硫酸　　　　B. 盐酸　　　　C. 硝酸　　　　D. 铬酸

3. 原子吸收法测定钙时,加入 EDTA 是为了消除(　　)的干扰。

A. 盐酸　　　　B. 钠　　　　C. 镁　　　　D. 磷酸

4. 在原子吸收法中,原子化器的分子吸收属于(　　)。

A. 光谱线重叠的干扰　　　　　　　　B. 化学干扰

C. 背景干扰　　　　　　　　　　　　D. 物理干扰

5. 原子吸收光谱法测定试样中钾元素含量,通常需加入适量的钠盐,这里钠盐被称为(　　)。

A. 释放剂　　　　B. 缓冲剂　　　　C. 消电离剂　　　　D. 保护剂

6. 在石墨炉原子化器中,应采用(　　)作为保护气。

A. 乙炔　　　　B. 氧化亚氮　　　　C. 氢　　　　D. 氩

7. 用有机溶剂萃取一元素并直接进行原子吸收测定时,操作中应注意(　　)。

A. 回火现象　　　　　　　　　　　　B. 熄火问题

C. 适当减少燃气量　　　　　　　　　D. 加大助燃比中燃气量

二、判断题

1. 原子吸收光谱法测定高浓度试样时,应选择最灵敏线。　　　　　　　　(　　)

2. 原子吸收光谱法测定低浓度试样时,应选择次灵敏线。　　　　　　　　(　　)

3. 用 HNO_3-HF-$HClO_4$ 消解试样,在驱赶 $HClO_4$ 时,如将试样蒸干会使测定结果偏低。　　　　　　　　　　　　　　　　　　　　　　　　　　　　　　　　(　　)

4. 以峰值吸收替代积分吸收做 AAS 定量的前提假设之一是:基态原子数近似等于总原子数。　　　　　　　　　　　　　　　　　　　　　　　　　　　　　　(　　)

5. 光源能量波动大,特征谱线强度不稳定,检测结果不可靠。　　　　　　(　　)

6. 乙炔压力小,待测元素的原子化程度低,检测结果的吸光度值偏小。　　(　　)

三、填空题

1. 原子吸收光谱仪安装完成后,调节氩气压力为_____,开排风扇和_____,开启前,加蒸馏水并没过_____,开机后,需调节温度为_____。

2. 原子吸收光谱法采用的空心阴极灯是一种特殊的_____管,它的阴极由_____制成。

3. 原子吸收光谱法的背景吸收主要有_____和_____两种。

4. 石墨炉原子吸收光谱法的特点是_____,_____,_____。

5. 使用石墨炉法的升温程序有_____、_____、_____和_____四个步骤。

学习任务 3　火焰原子吸收光谱法测定食品中铜的含量

【学习目标】

1. 认识铜的来源和危害，能复述铜元素的检测原理。
2. 能采用火焰原子吸收光谱法进行食品中铜含量的检测。
3. 通过任务实施，养成科学严谨的思维，以及主动接受并按时完成工作的积极态度。

【任务描述】

铜元素在食品中广泛存在，是人体不可或缺的微量元素，但若摄入量超过人体能够耐受的限度，会造成人急性中毒或者亚急性中毒、慢性中毒等危害。本任务以含乳饮料为例，按照《食品安全国家标准　食品中铜的测定》（GB 5009.13—2017）中的"第二法　火焰原子吸收光谱法"测定含乳饮料中铜的含量。

【学前准备】

（一）学习资料

见"信息单"及仪器分析等相关资料。

（二）其他参考资料来源

1.《食品安全指标检测》等相关书籍。
2. 食品中元素相对应的国家标准以及仪器分析类网站和资料等。

（三）思考题

1. 火焰原子吸收光谱法操作中有哪些注意事项？
2. 原子吸收光谱仪的维护需要注意哪些地方？

【任务实施】

（一）仪器及材料

1. 仪器：岛津 AA-6800 型原子吸收光谱仪（配火焰原子化器，附铜空心阴极灯）、分析天平、微波消解系统、马弗炉。

2. 试剂：硝酸、高氯酸、五水硫酸铜。

3. 试剂配制

（1）铜标准储备液（1 000 mg/L）：准确称取 3.928 9 g（精确至 0.000 1 g）五水硫酸铜，用少量硝酸溶液（1+1）溶解，移入 1 000 mL 容量瓶，加水至刻度，混匀。

（2）铜标准中间液（10.0 mg/L）：准确吸取铜标准储备液（1 000 mg/L）1.00 mL 于 100 mL 容量瓶中，加硝酸溶液（5+95）至刻度，混匀。

（3）铜标准系列溶液：分别吸取铜标准中间液（10.0 mg/L）0 mL、1.00 mL、2.00 mL、4.00 mL、8.00 mL 和 10.00 mL 于 100 mL 容量瓶中，加硝酸溶液（5+95）至刻度，混匀。此铜标准系列溶液的质量浓度分别为 0 mg/L、0.100 mg/L、0.200 mg/L、0.400 mg/L、0.800 mg/L 和 1.00 mg/L。

（二）工作流程

确定工作任务→查找资料→填写检测任务单→设计方案→修订方案→完成任务→出具报告。

（三）实施过程

分小组完成火焰原子吸收光谱法测定食品中铜的含量。

【信息单】

一、铜的概述

铜是一种金属元素，它的元素符号是 Cu，它的原子序数是 29，是一种过渡金属，也是人体所必需的一种微量元素。铜是人类最早发现的金属，是人类广泛使用的一种金属，属于重金属。

铜也是人类最早使用的金属。早在史前时代，人们就开始采掘露天铜矿，并用获取的铜制造武器、工具和其他器皿，铜的使用对早期人类文明的进步影响深远。铜是一种存在于地壳和海洋中的金属。铜在地壳中的含量约为 0.01%，在个别铜矿床中，铜的含量可以达到 3%~5%。自然界中的铜，多数以化合物即铜矿物存在。铜矿物与其他矿物聚合成铜矿石，开采出来的铜矿石，经过选矿而成为含铜品位较高的铜精矿。铜是唯一的能大量天然产出的金属，也存在于各种矿石（如黄铜矿、辉铜矿、斑铜矿、赤铜矿和孔雀石）中，能以单质金属状态及黄铜、青铜和其他合金的形态用于工业、工程技术和工艺上。

二、铜污染的来源

铜污染是指铜（Cu）及其化合物在环境中所造成的污染。其主要污染来源是铜锌矿的开采和冶炼、金属加工、机械制造、钢铁生产等。冶炼排放的烟尘是大气铜污染的主要来源。电镀工业和金属加工排放的废水中含铜量较高，每升废水达几十至几百毫克。含铜废水灌溉农田，使铜在土壤和农作物中累积，会造成农作物，尤其是水稻和大麦生长不良，污染粮食籽粒。灌溉水中硫酸铜对水稻危害的临界浓度为 0.6 mg/L。铜对水生生物的毒性很大，在海岸和港湾曾发生过铜污染引起牡蛎肉变绿的事件。在自然界中，铜主要以硫化物矿和氧化物矿的形式存在，分布很广。

铜是生命所必需的微量元素，但过量的铜对人和动、植物都有害。

三、铜的危害

尽管铜是重要的必需微量元素，但应用不当，也易引起中毒反应。一般而言重金属都有一定的毒性，但毒性的强弱与重金属进入体内的方式及剂量有关。口服时，铜的毒性以铜的吸收为前提，金属铜不易溶解，毒性比铜盐小，铜盐中尤以水溶性盐如醋酸铜和硫酸铜的毒性大。当人体内残存了大量的重金属之后，极容易对身体内的脏器造成负担，特别是肝和胆，当这两种器官出现问题后，维持人体内的新陈代谢就会出现紊乱，引起肝硬化、肝腹水甚至更为严重的后果。

人体铜中毒的最早报告见于 1785 年，因食用含铜化合物食品过多而致。表现为腹痛、皮疹、腹泻、呕吐，呕吐物为绿色，不久死亡。据报道，当铜超过人体需要量的 100~150 倍时，可引起坏死性肝炎和溶血性的贫血。

四、火焰原子吸收光谱法测定食品样品中的铜元素的原理

试样消解处理后，经火焰原子化，在 324.8 nm 处测定吸光度。在一定浓度范围内铜的吸光度值与铜含量成正比，与标准系列比较定量。

五、火焰原子吸收光谱法测定食品中的铜的含量

（一）样品处理

食品样品的处理可以依据国家标准《食品安全国家标准　食品中铜元素的测定》

（GB 5009.13—2017），同时也可参照本书前几章关于湿法消解、微波消解、干法灰化等方法的详细介绍，此处就不再介绍。

（二）样品测定

图示	操作步骤	说明
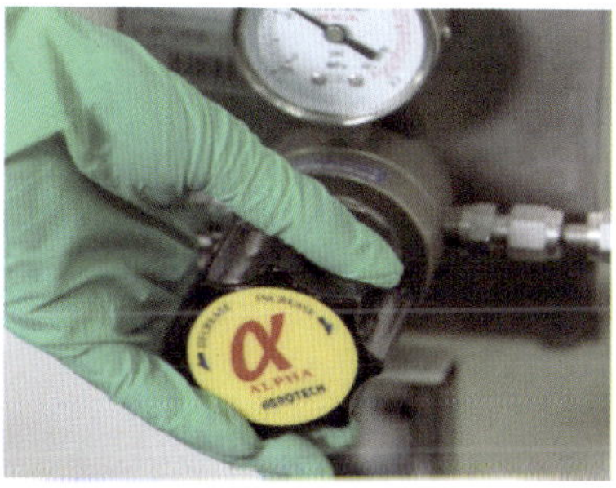 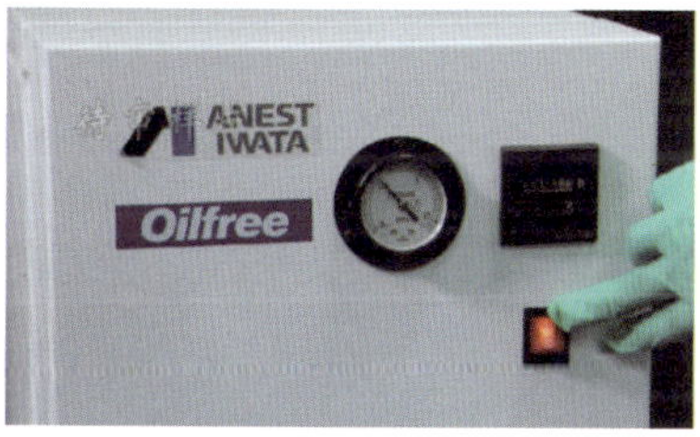	1. 开气 打开乙炔气体的主阀门，乙炔压力一般为 0.05~0.1 MPa；启动空气压缩机，空气压缩机输出压力为 0.35 MPa	
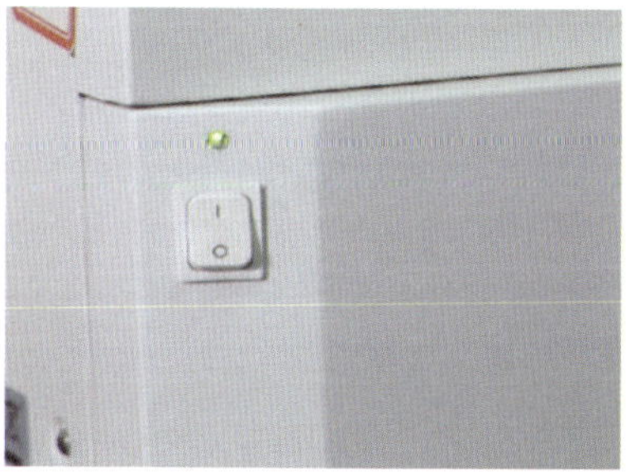	2. 开机 开启计算机，打开 AA-6800 主机开关	

续表

图示	操作步骤	说明
	3. 打开软件 双击操作屏幕上的原子吸收系统图标	仪器自动检查仪器各部件状态以及是否漏气
	4. 调节灯位置 仪器调节选择所测的元素灯，安装到仪器相应的灯座上	
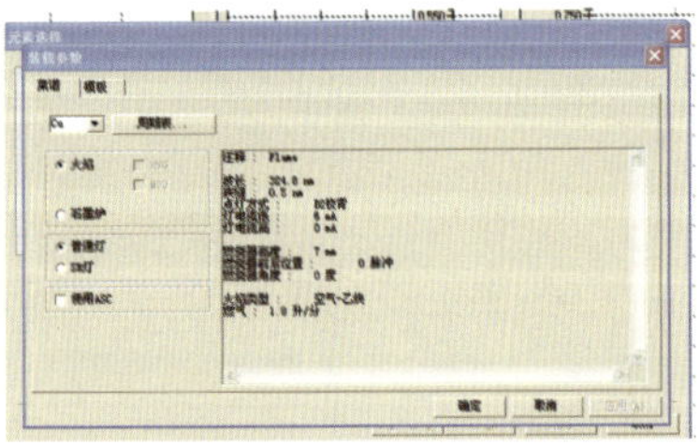	5. 选择元素 选择需要测定的元素——Cu元素，单击"确定"按钮	
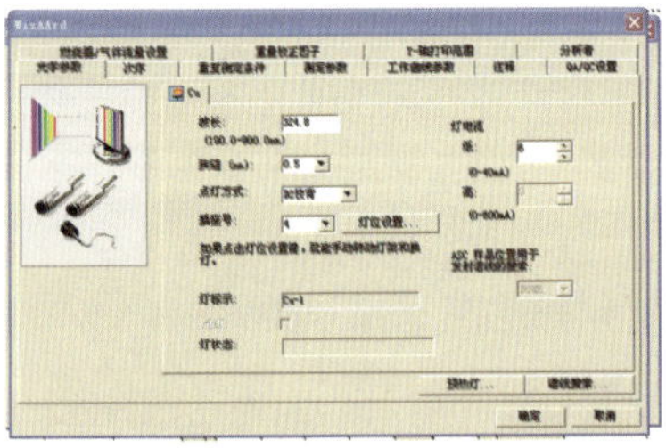	6. 编辑参数 单击"编辑参数"按钮，选择元素测定食品中的铜元素，324.8 nm以及狭缝0.5 nm，单击"确定"按钮	

续表

图示	操作步骤	说明
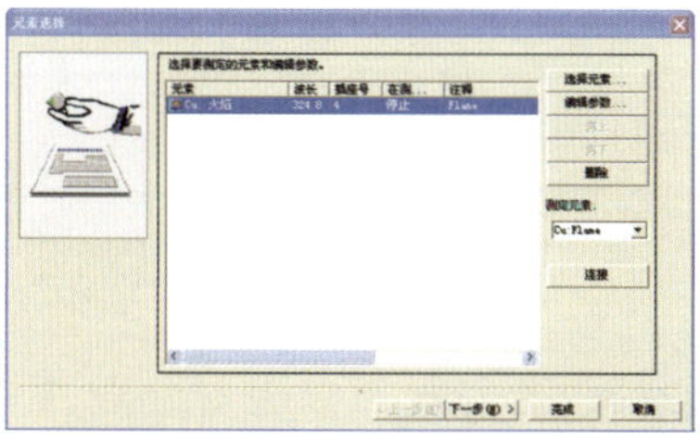 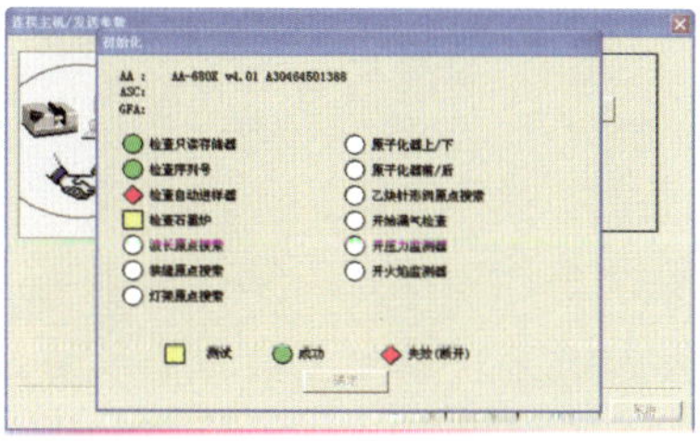	7. 连机自检 单击"连接"按钮，等待自检，单击"下一步"按钮，等待仪器自检完成	
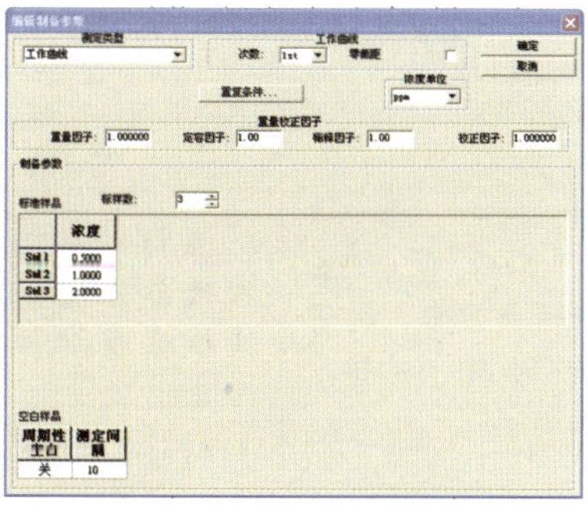	8. 编辑标准曲线 单击"编辑参数"按钮，进入标准曲线以及样品参数的编辑。设置标准曲线个数，以及对应标准曲线浓度，单击"确定"按钮，单击"下一步"按钮	选择对应浓度单位"ppm[①]"
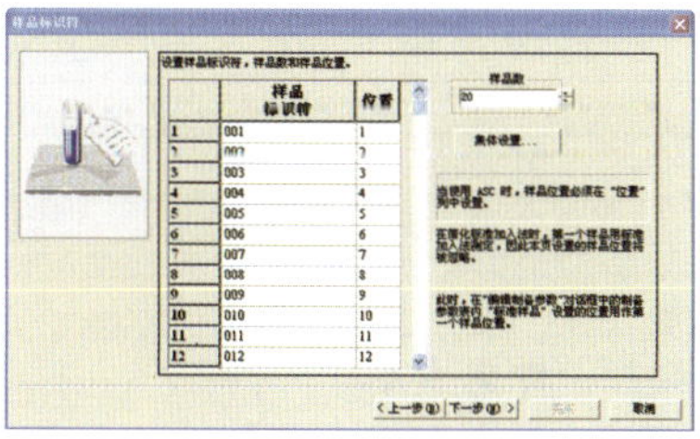	9. 设置样品参数 编辑参数，选择对应测定样品个数，单击"确定"按钮，单击"下一步"按钮	

---

① ppm: parts per million, 10^{-6}。

续表

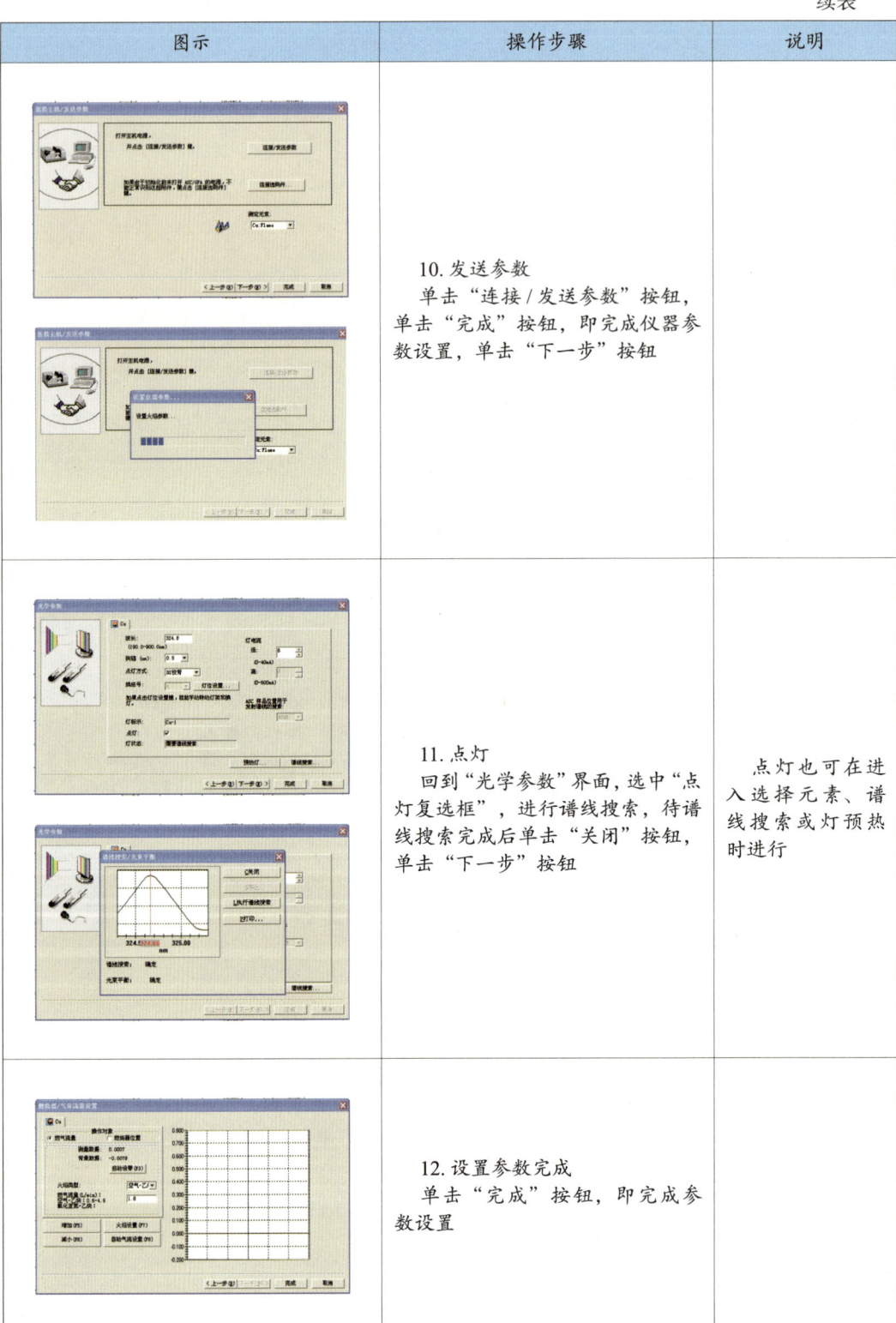

图示	操作步骤	说明
	10. 发送参数 单击"连接/发送参数"按钮，单击"完成"按钮，即完成仪器参数设置，单击"下一步"按钮	
	11. 点灯 回到"光学参数"界面，选中"点灯复选框"，进行谱线搜索，待谱线搜索完成后单击"关闭"按钮，单击"下一步"按钮	点灯也可在进入选择元素、谱线搜索或灯预热时进行
	12. 设置参数完成 单击"完成"按钮，即完成参数设置	

续表

图示	操作步骤	说明
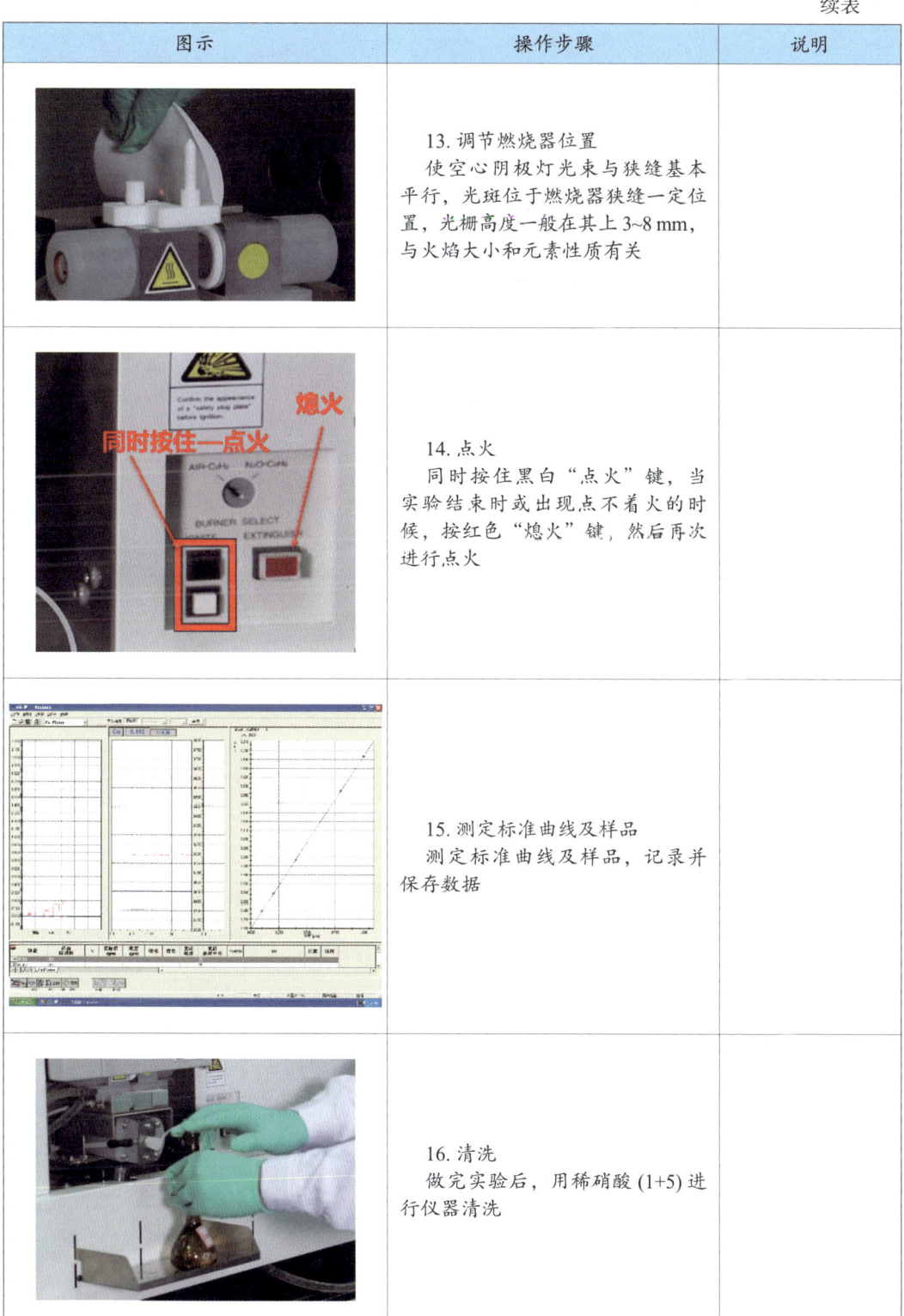	13. 调节燃烧器位置 使空心阴极灯光束与狭缝基本平行，光斑位于燃烧器狭缝一定位置，光栅高度一般在其上 3~8 mm，与火焰大小和元素性质有关	
	14. 点火 同时按住黑白"点火"键，当实验结束时或出现点不着火的时候，按红色"熄火"键，然后再次进行点火	
	15. 测定标准曲线及样品 测定标准曲线及样品，记录并保存数据	
	16. 清洗 做完实验后，用稀硝酸 (1+5) 进行仪器清洗	

续表

图示	操作步骤	说明
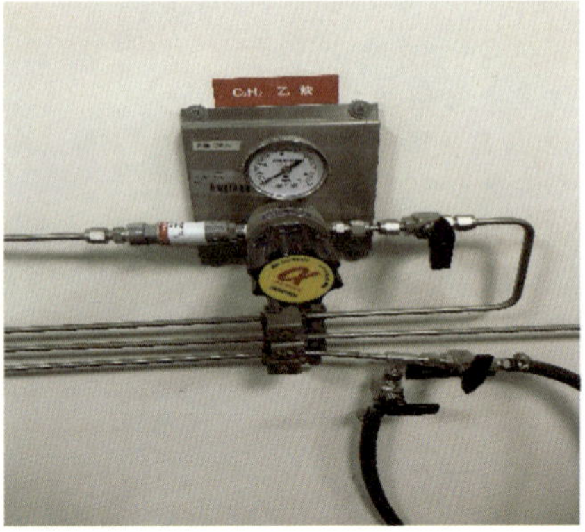	17. 关机 依次关闭计算机开关、空气压缩机开关、主机开关，关乙炔气体主阀门	

六、结果计算

试样中铜元素的含量：

$$X = \frac{(\rho - \rho_0) \times V}{M}$$

式中　X——试样中铜的含量，单位为 mg/kg 或 mg/L；

　　　ρ——试样溶液中铜的质量浓度，单位为 mg/L；

　　　ρ_0——空白溶液中铜的质量浓度，单位为 mg/L；

　　　V——试样消化液的定容体积，单位为 mL；

　　　M——试样称样量或移取体积，单位为 g 或 mL。

当铜含量 ≥ 1.00 mg/kg（或 mg/L）时，计算结果保留三位有效数字；当铜含量 <1.00 mg/kg（或 mg/L）时，计算结果保留两位有效数字。

【评价反馈】

"火焰原子吸收光谱法测定食品中铜的含量"考核评价表

素质	内容		评价		
	学习目标	评价项目	自我评价（30%）	小组评价（30%）	教师评价（40%）
知识能力（20分）	应知应会	1. 了解铅污染的来源及危害 2. 掌握食品中铅的检测方法及原理			
专业能力（50分）	准备工作（10分）	仪器准备齐全并摆放整齐			
		铜标准系列溶液的准备			
		样品溶液的准备			
	食品中铜含量的测定（30分）	产品预处理符合标准			
		仪器的开、关机操作正确			
		仪器参数的设置正确			
		能对检验结果进行初步分析			
		动作标准，仪器操作熟练			
	遵守安全、卫生要求（10分）	1. 遵守实验室安全规范 2. 遵守实验室卫生规范			
通用能力（20分）	语言能力（5分）	1. 准确阐述自己的观点 2. 专业术语表达准确			
	合作能力（5分）	1. 能与同学配合共同完成任务 2. 具有组织和协调能力			
	发现、解决问题能力（5分）	1. 善于发现实验过程中的问题 2. 自主分析和解决实验中的问题			
	创新能力（5分）	1. 善于总结工作经验 2. 善于体验新的检验方法			
态度（10分）	认真、细致、勤劳	整个实验过程认真、仔细、勤劳			
小计					
总分					

【思考与练习】

一、选择题

1. 在原子吸收光谱分析中，若组分较复杂且被测组分含量较低时，为了简便、准确地进行分析，最好选择何种方法进行分析？（　　）
   A. 工作曲线法　　　B. 内标法　　　C. 标准加入法　　　D. 间接测定法

2. 火焰原子吸收光谱法测定铜元素的波长为（　　）nm。
   A. 284.9　　　　　B. 249.8　　　　C. 324.8　　　　　D. 342.8

3. 火焰原子吸收光谱法中，火焰类型一般分为三种，在测定铜元素时应选用（　　）火焰。
   A. 贫燃（氧化）型　　　　　　　B. 富燃（还原）型
   C. 化学计量

4. 用原子吸收光谱法分析时，灯电流太高会导致（　　）。
   A. 谱线变宽　　　B. 灵敏度　　　C. 谱线变窄　　　D. 准确度

5. 用原子吸收光谱法分析时，灯电流太高会使（　　）下降。
   A. 谱线变宽　　　B. 灵敏度　　　C. 谱线变窄　　　D. 准确度

二、判断题

1. 火焰原子吸收光谱法的气体可以在点火之后再开。　　　　　　　　　　（　　）
2. 火焰原子吸收光谱法的单位浓度是ppb。　　　　　　　　　　　　　　（　　）
3. 火焰原子吸收光谱法需要定期检查气路是否存在漏气的现象。
   　　　　　　　　　　　　　　　　　　　　　　　　　　　　　　　　（　　）
4. 使用原子吸收光谱仪时发现一个或多个测定的标准曲线或样品有问题，必须重新测量，且不能在其中选择性地重新测量。　　　　　　　　　　　　　　（　　）
5. 火焰原子吸收光谱法比石墨炉法测定要快速，但是样品用量较多。　　　（　　）

三、名词解释

1. 原子吸收
2. 原子吸收光谱法
3. 背景吸收

四、简答题

1. 空心阴极灯为何需要预热？
2. 简述原子吸收光谱法的原理。

学习任务 4　原子荧光光谱法测定食品中砷的含量

【学习目标】

1. 了解食品中砷的来源及危害，掌握检测原理。
2. 能采用原子荧光光谱仪是行食品中砷含量的检测。
3. 通过任务实施，养成科学严谨的思维，以及主动接受并按时完成工作的积极态度。

【任务描述】

砷，旧称砒，是一种非金属元素。经砷污染的水、食物进入人体后，根据进入人体的多少可以引起急性或慢性砷中毒。因此，砷在食品监督检验中是重点监测的有害元素之一。本任务以乳粉为例，按照《食品安全国家标准　食品中总砷及无机砷的测定》（GB 5009.11—2014）中的"第二法　氢化物发生原子荧光光谱法"并在此基础上进行优化，测定乳粉中砷的含量。

【学前准备】

（一）学习资料

见"信息单"及仪器分析等相关资料。

（二）其他参考资料来源

1.《元素分析与检测》等相关书籍。
2. 仪器分析类网站。

（三）思考题

1. 减少标准溶液的测定次数会对检测结果造成哪些影响？
2. 还原剂和载流溶液为什么要现用现配？

【任务实施】

（一）仪器及材料

1. 仪器：原子荧光光谱仪、分析天平。
2. 试剂：硫脲、抗坏血酸、盐酸、氢氧化钠、硼氢化钾、砷标准储备液、硝酸。

3. 试剂配制

（1）还原剂溶液（即硫脲+抗坏血酸溶液）：称取 15 g 硫脲和 15 g 抗坏血酸溶解于 300 mL 去离子水中，混匀备用。现用现配。

（2）载流溶液（即盐酸溶液）：5%（V/V）盐酸溶液（50 mL 浓盐酸定容至 1 000 mL）。现用现配。

（3）还原剂（即硼氢化钾溶液）：取 2 g 氢氧化钠于超纯水中，溶解后加入 8 g 硼氢化钾，并加水至 400 mL（顺序不能乱）。

（4）砷标准储备液（购买的标准品）：1 000 μg/mL。

（5）砷标准使用液：准确吸取 0.10 mL 砷标准储备溶液（1 000 μg/mL）于 100 mL 容量瓶中，加硝酸溶液（2+98）定容至刻度，混匀。此砷溶液质量浓度为 1 μg/mL。

（6）砷标准系列溶液：分别准确吸取砷标准使用液（1 μg/mL）0.00 mL、0.05 mL、0.10 mL、0.20 mL、0.40 mL、0.50 mL 于 50 mL 容量瓶中，各加入盐酸溶液（1+1）5 mL，还原剂溶液 20 mL，之后加水至刻度，混匀，放置 30 min 后测定。此砷标准系列溶液中砷的质量浓度分别为 0 ng/mL、1.0 ng/mL、2.0 ng/mL、4.0 ng/mL、8.0 ng/mL、10.0 ng/mL，见表 4-4-1。

表 4-4-1　　　　　　　　砷标准系列溶液配制表

编号	1	2	3	4	5	6
砷标准使用液（mL）	0.00	0.05	0.10	0.20	0.40	0.50
（1+1）盐酸（mL）	5					
还原剂溶液（mL）	20					
用超纯水定容至 50 mL						
浓　度（ng/mL）	0	1.0	2.0	4.0	8.0	10.0

（二）工作流程

确定工作任务→查找资料→填写检测任务单→设计方案→修订方案→完成任务→出具报告。

（三）实施过程

分小组完成原子荧光光谱法测定食品中砷的含量。

【信息单】

一、砷的概述

砷在化学元素周期表中位于第 4 周期、第 VA 族，原子序数 33，元素符号 As，单质以灰砷、黑砷和黄砷这三种同素异形体的形式存在。砷元素广泛地存在于自然界，共有数百种的砷矿物已被发现。

砷及其化合物被运用在农药、除草剂、杀虫剂与多种合金中。三氧化二砷又称砒霜毒性很强，小剂量砒霜作为药用，可用于治疗癌症。砷作为合金添加剂生产铅制弹丸、印刷合金、黄铜（冷凝器用）、蓄电池极板、耐磨合金、高强结构钢及耐蚀钢等。黄铜中含有砷时可防止脱锌。高纯砷是制取化合物半导体砷化镓、砷化铟等的原料，也是半导体材料锗和硅的掺杂元素，这些材料广泛用于二极管、红外线发射器、激光器等。砷和它的可溶性化合物都有毒。

二、砷污染的来源

砷污染是指由砷或其化合物所引起的环境污染。砷污染除岩石风化、火山爆发等自然原因外，主要来自工业生产及含砷农药的使用、煤的燃烧；采矿、冶炼的废渣；冶金、化工、农药、染料和制革等的工业废水和地热发电厂的废水。含砷废水、农药及烟尘都会污染土壤。砷在土壤中累积并由此进入农作物组织中，砷对农作物产生毒害作用的最低浓度为 3 mg/L，对水生生物的毒性亦很大。砷和砷化物一般可通过水、大气和食物等途径进入人体，造成危害。

三、砷的危害

砷是环境中广泛存在的有毒元素之一，元素砷的毒性较低，而砷化物均有很强的毒性，已被美国疾病预防控制中心和国际防癌研究机构确定为人类致癌物。人类在生产生活中会通过消化道、呼吸道和皮肤等途径接触到砷的化合物。海产品通过生物富集作用吸收水质中大量的有害元素，长期食用含砷量较高的海产品也会对人体造成一定的危害。砷元素进入人体后，会破坏细胞的氧化还原能力，影响细胞的正常代谢，引起组织损害和机体障碍，产生一系列的中毒症状，如四肢疼痛性痉挛、呕吐、腹泻等。

长期摄入受砷污染或砷残留的食品，砷就会在人体的肝、肾、肺、肌肉等部位蓄积，可能引起慢性砷中毒，潜伏期可达几年甚至几十年；引起细胞中毒，有时会诱发恶性肿瘤，导致消化系统症状、神经系统症状和皮肤病变等；会出现皮肤色素沉着，导致异常角质化，严重的可导致中毒性肝炎、心肌麻痹而死亡；砷还能透过胎盘给胎儿造成严重的肝、肾功能损害。特别是无机砷是肠胃癌、肾癌、皮肤癌、膀胱癌与肺癌的致癌物质。

我国《生活饮用水卫生标准》（GB 5749—2006）中规定：砷 ≤ 0.01 mg/L。我国《食品安全国家标准　食品中污染物限量》（GB 2762—2017）中对砷的限量标准也做出了规定：谷物及其制品：谷物 [稻谷（以糙米计）除外]$_{总砷}$ ≤ 0.5 mg/kg，谷物碾磨加工品（糙米、大米除外）$_{总砷}$ ≤ 0.5 mg/kg，稻谷（以糙米计）、糙米、大米$_{无机砷}$ ≤ 0.2 mg/kg；新鲜蔬菜$_{总砷}$ ≤ 0.5 mg/kg；食用菌及其制品$_{总砷}$ ≤ 0.5 mg/kg；肉及肉制品$_{总砷}$ ≤ 0.5 mg/kg；乳及乳制品：生乳、巴氏杀菌乳、灭菌乳、调制乳、发酵乳$_{总砷}$ ≤ 0.1 mg/kg，乳粉$_{总砷}$ ≤ 0.5 mg/kg；油脂及其制品$_{总砷}$ ≤ 0.1 mg/kg；水产动物及其制品（鱼类及其制品除外）$_{无机砷}$ ≤ 0.5 mg/kg，鱼类及其制品$_{无机砷}$ ≤ 0.1 mg/kg。

四、原子荧光光谱法测定食品中总砷的原理

食品试样经过处理后，加入硫脲使五价砷预还原为三价砷，再加入硼氢化钠或硼氢化钾使还原生成砷化氢，由氩气载入石英原子化器中分解为原子态砷，在高强度砷空心阴极灯的发射光激发下产生原子荧光，其荧光强度在固定条件下与被测液中的砷浓度成正比，与标准系列比较定量。

食品中无机砷可以采用液相色谱-原子荧光光谱法（LC-AFD）的测定方法。

五、原子荧光光谱法测定食品的砷含量

（一）样品处理

图示	操作步骤	说明
	1. 准确称量 0.20~0.50 g 乳粉样品置于消解罐中	精确至 0.001 g

续表

图示	操作步骤	说明
	2. 加入 5 mL 硝酸，1~2 mL 过氧化氢，盖好安全阀	
	3. 将消解罐放入微波炉消解系统中，设置微波消解系统最佳分析条件，直至完全消解	
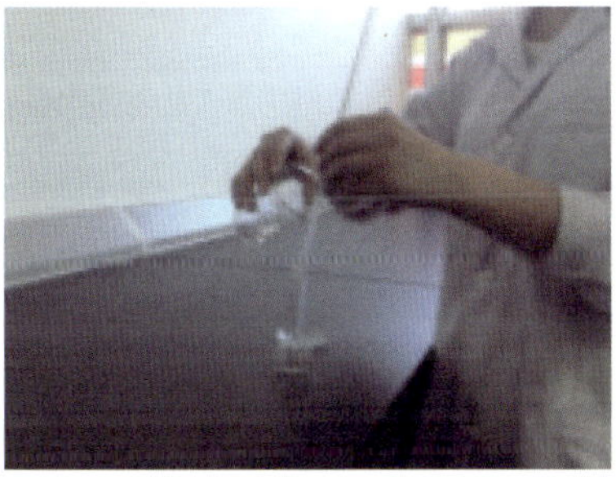	4. 冷却后将消化液转移至 25 mL 容量瓶或比色管中，用超纯水定容，混匀待测	

（二）原子荧光分光光度计的自检和预热

图示	操作步骤	说明
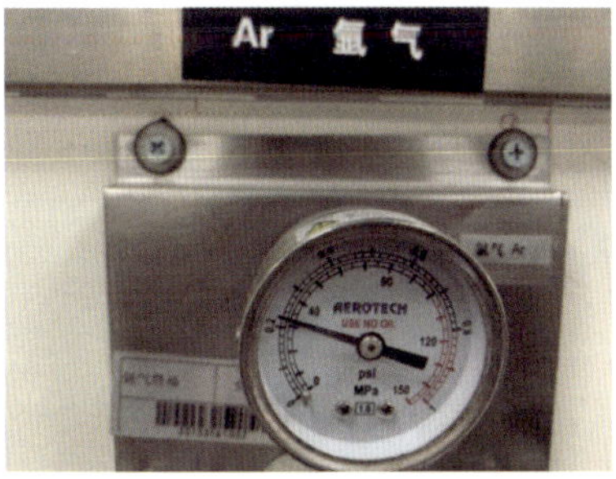	1. 开启载气（氩气）钢瓶减压阀，使次级阀压力显示为 0.2~0.3 MPa，仪器稳压到 0.2 MPa	

续表

图示	操作步骤	说明
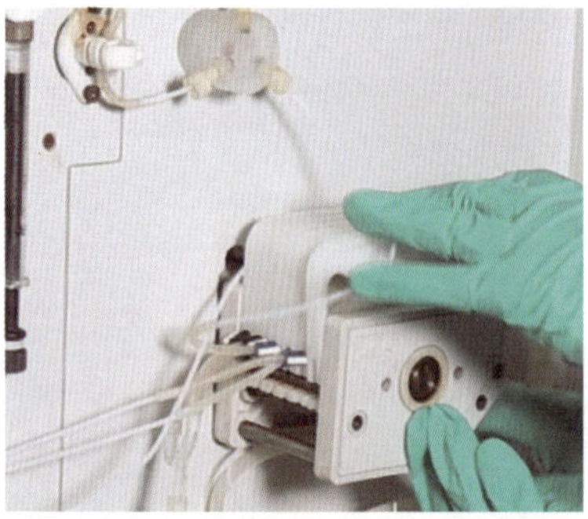	2. 开启排风扇开关,使室内通风。压紧蠕动泵压块	
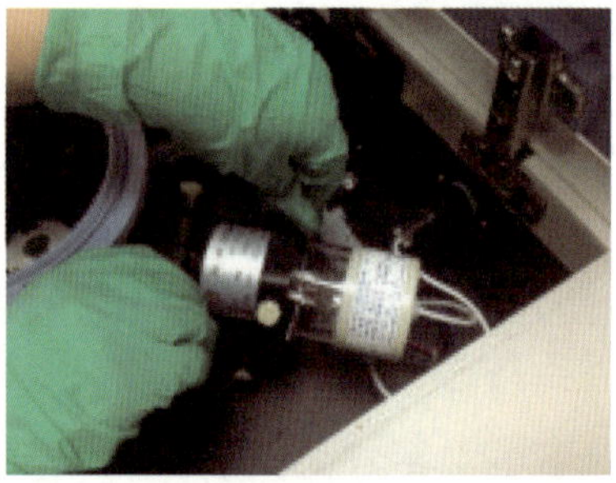	3. 安装砷空心阴极灯并调整灯的位置（如需要时）	调高低是旋转灯上的四个旋钮,调左右是旋转同边的两个旋钮,调好后将灯的位置固定
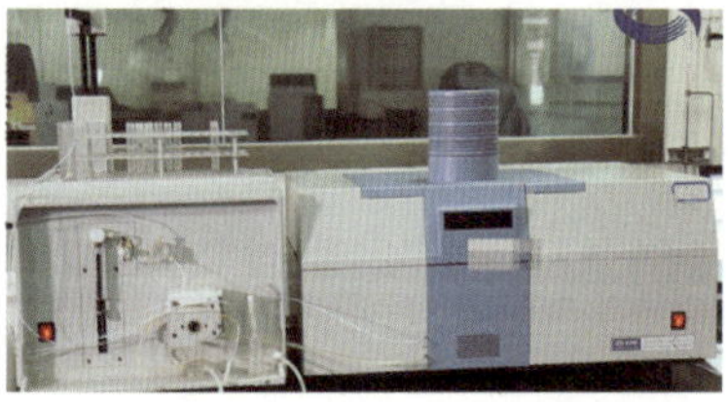	4. 依次打开稳压电源开关、断续流动开关、主机开关和计算机开关	
	5. 双击操作软件,使仪器联机并自动进入操作系统	
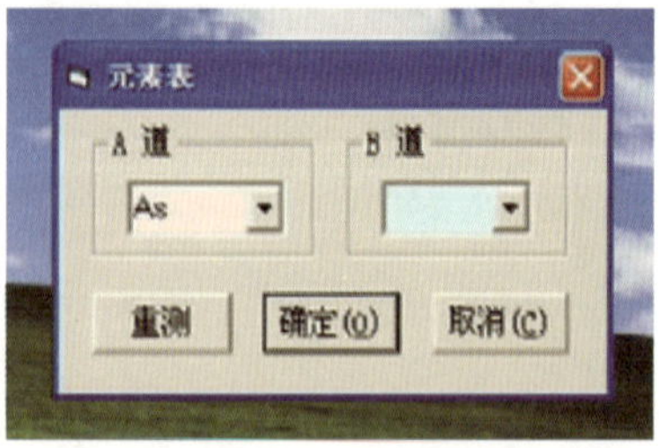	6. 选择砷（As）元素,单击"确定"按钮	

续表

图示	操作步骤	说明
	7. 打开原子化器前门，根据国家标准或仪器工程师提供的参数，调节测量 As 时的原子化器高度为 8 mm。将调光器放入原子化器中，对准砷空心阴极灯，观察砷空心阴极灯光斑对准调光器的位置，应对准调光器最下面线的中心	
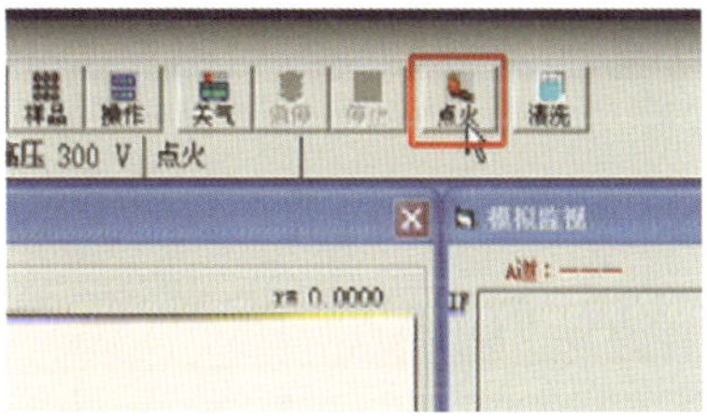	8. 单击"点火"按钮，预热 30~60 min	
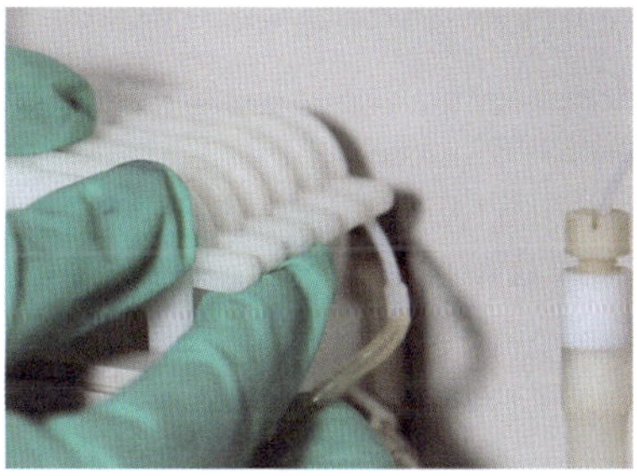	9. 压紧蠕动泵压块（往下是松，往上压紧）	
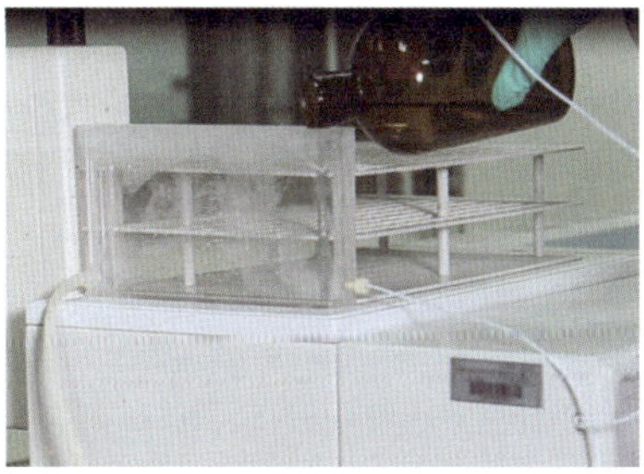	10. 将配好的载流溶液倒入载流槽中，并装好还原剂溶液。接好各连接管	
	11. 将标准空白溶液装入样品盘 1 号中，标准系列溶液装入样品盘 3~8 号中，样品空白装入 12 号中，样品溶液放入 15~16 号中	

续表

图示	操作步骤	说明
	12.进行仪器自检,在"文件(F)"菜单中选择 （1）气路自检 （2）断续流动和自动进样器自检 （3）空心阴极灯和检测电路自检	

（三）上机检测

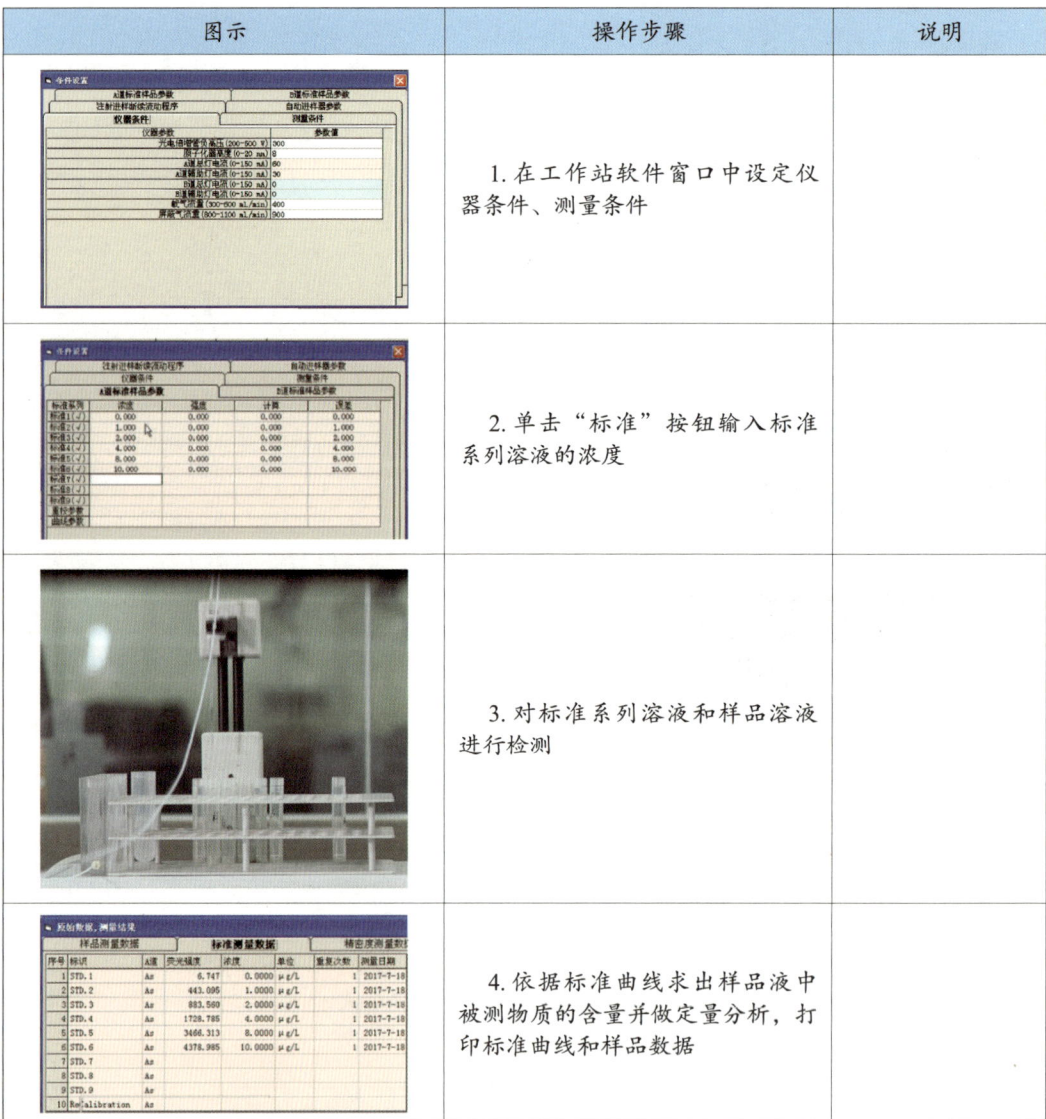

图示	操作步骤	说明
	1.在工作站软件窗口中设定仪器条件、测量条件	
	2.单击"标准"按钮输入标准系列溶液的浓度	
	3.对标准系列溶液和样品溶液进行检测	
	4.依据标准曲线求出样品液中被测物质的含量并做定量分析,打印标准曲线和样品数据	

(四)关机

图示	操作步骤	说明
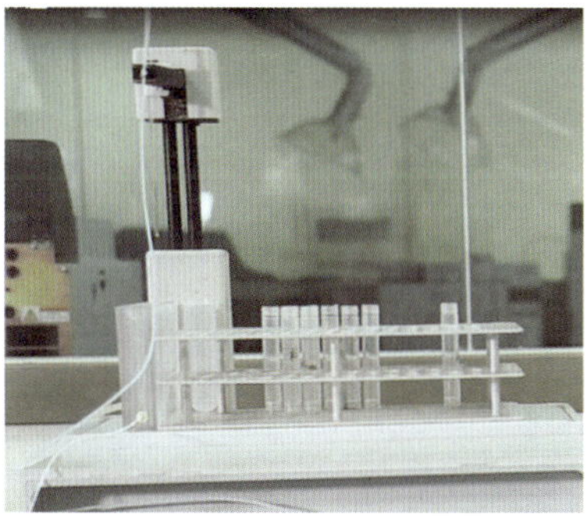	1. 清洗管路	
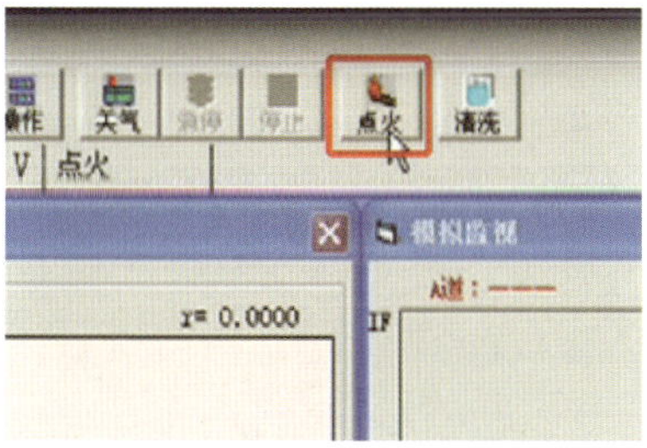	2. 熄火	
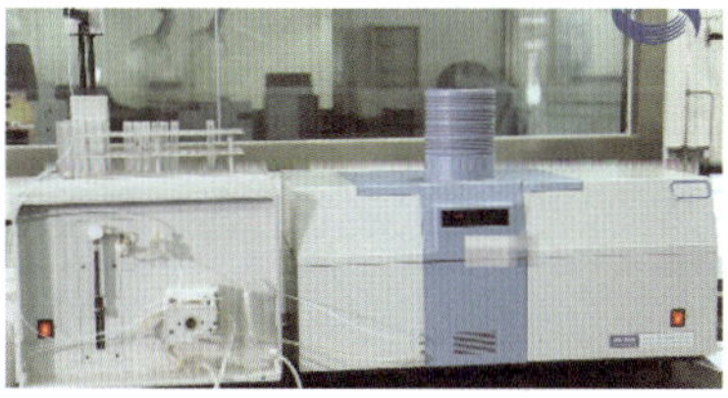	3. 依次关闭计算机开关、主机开关、断续流动开关和稳压电源开关	
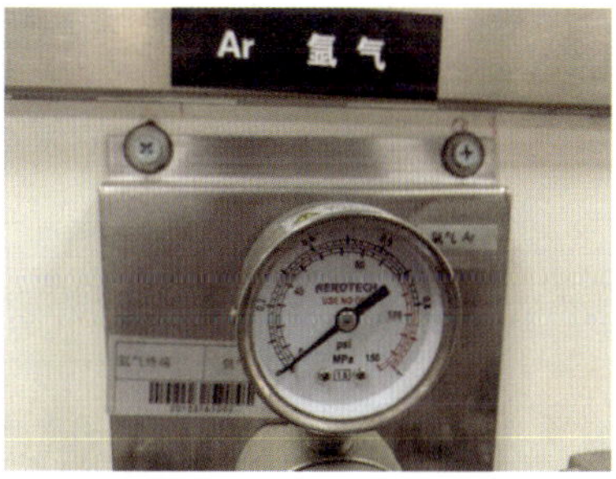	4. 关闭载气阀门	

六、结果计算

在相同条件下,测定空白溶液吸光值,与标准系列比较定量,计算公式如下:

$$X = \frac{(c-c_0) \times V \times 1\,000}{m \times 1\,000 \times 1\,000}$$

式中　　X——试样中砷的含量,mg/kg 或 mg/L;

　　　　c——试样中砷的浓度,ng/mL;

　　　　c_0——空白液中砷的浓度,ng/mL;

　　　　V——试样消化液的定容体积,mL;

　　　　m——试样质量或体积,g 或 mL;

　　　　1 000——换算系数。

计算结果保留两位有效数字。

【评价反馈】

"原子荧光光谱法测定食品中砷的含量"考核评价表

素质	内容 / 学习目标	评价项目	评价 自我评价(30%)	小组评价(30%)	教师评价(40%)
知识能力(20分)	应知应会	1. 了解砷污染的来源及危害 2. 掌握食品中总砷的检测方法及原理			
专业能力(50分)	准备工作(10分)	仪器准备齐全并摆放整齐			
		试剂的配制准确			
	砷测定的过程(30分)	样品预处理符合标准			
		仪器参数设置正确			
		软件操作正确			
		原子荧光光谱仪的操作规范			
		检验结果的数据处理正确			
	遵守安全、卫生要求(10分)	1. 遵守实验室安全规范 2. 遵守实验室卫生规范			

续表

素质	内容		评价		
	学习目标	评价项目	自我评价（30%）	小组评价（30%）	教师评价（40%）
通用能力（20分）	语言能力（5分）	1. 准确阐述自己的观点 2. 专业术语表达准确			
	合作能力（5分）	1. 能与同学配合共同完成任务 2. 具有组织和协调能力			
	发现、解决问题能力（5分）	1. 善于发现实验过程中的问题 2. 自主分析和解决实验中的问题			
	创新能力（5分）	1. 善于总结工作经验 2. 善于体验新的检验方法			
态度（10分）	认真、细致、勤劳	整个实验过程认真、仔细、勤劳			
小计					
总分					

【思考与练习】

一、判断题

1. 测定工业废水中的硒，采集样品后应加酸保存。（　　）
2. 微量硒是生物体所必需的营养元素，过量的硒能引起中毒。（　　）

二、填空题

1. 原子荧光光谱法的仪器装置由_____、_____、_____以及检测部分组成。检测部分包括_____、_____以及_____。

2. 用原子荧光光谱法测定砷时，试样必须用_____预还原五价As至_____As，还原速度受_____影响，室温低于15 ℃时，至少应放置_____。

3. 原子荧光法分析中所用的玻璃器皿均需用_____溶液浸泡____h，用_____反复冲洗后，最后用_____洗净后方可使用。

三、简答题

1. 一个理想的光源应具备哪些条件？
2. 原子荧光光谱法的基本原理是什么？

参考答案

第一部分　原子光谱分析概论

学习任务1　原子光谱分析技术的分类与发展

一、选择题

1. D　2. A　3. A　4. D　5. B

二、简答题

答：

	方法	原子发射光谱法	原子吸收光谱法	原子荧光光谱法
不同点	原理	发射光谱　基态原子在一定条件下受激发后，发射特征谱线	吸收光谱　基态原子吸收特征谱线，产生吸收光谱	发射光谱　基态原子吸收光能被激发，再跃迁到基态，同时发射特征谱线（荧光）
	定量依据	$I=Kc^B$ 或 $\lg I= B\lg c+\lg k$	$A=Kc$	$I_f=Kc$
	光源	激发光源（直流电弧、交流电弧、高压火花、ICP）	锐线光源（空心阴极灯）	高强度空心阴极灯和无极放电灯
	激发方式	激发光源	原子化系统	原子化系统
	组成部件	光源、分光器、检测器	光源、原子化器、单色器、检测器	光源、单色器、原子化器、单色器、检测器
	排列顺序	所有部件排成直线	所有部件排成直线	光源与检测器垂直
	应用	元素定性、半定量、定量分析（冶金、采矿）	微量元素定量分析（化工、水土、生物、环境）	元素定性分析，微量、痕量元素定量分析（超纯物质中杂质分析）
	局限性	①测每一种元素要用专用的灯；②难熔元素、非金属元素测定困难；③不能同时测定多种元素	①只能用于确定元素的组成与含量，不能给出物质分子结构、价态和状态等信息；②不能用于分析有机物和一些非金属元素	①散射光影响较严重，在一定程度上限制了该法的普及和发展；②测定元素种类不多（14种）
相同点	光谱类型	都是原子光谱（线光谱）		
	应用	都是进行元素分析		

学习任务2 原子光谱分析的基本知识

一、选择题

1. B 2. AC 3. A

二、判断题

1. √ 2. √ 3. √ 4. × 5. ×

三、填空题

1. 灵敏度高，取样量少，可在炉中直接处理样品

2. 磁场　分裂

3. 物理干扰　化学干扰　电离干扰　光谱干扰

4. 预热　不纯　锐线

四、简答题

答：当通过基态原子的某种辐射线所具有的能量（或频率）恰好符合该原子从基态跃迁到激发态所需要的能量（或频率）时，该基态原子就会从入射辐射中吸收其能量，产生原子吸收光谱。激发态原子跃迁回到基态原子，称为发射。

学习任务3 原子光谱的定性及定量分析

一、选择题

1. A 2. C

二、计算题

答：根据

$$c_X = \frac{A_X}{A_{S+X} - A_X} c_s$$

得

$$c_X = \frac{0.435}{0.835 - 0.435} \times \frac{1 \times 100 \times 10^{-6}}{10} = 10.9 \text{（μg/mL）}$$

学习任务4 原子光谱分析中的主要干扰类型及其消除

一、选择题

1. ACD 2. CD 3. AB 4. A 5. A 6. D

二、简答题

答：（1）加入干扰物，如消电离剂、释放剂、保护剂等。

（2）采用标准加入法控制化学干扰。

（3）采用化学分离法，以将干扰组分与待测元素分开。

第二部分　原子吸收光谱分析的基础理论与仪器操作

学习任务 1　原子吸收光谱分析概述

一、选择题

1. B　2. D　3. B

二、判断题

1. √　2. √　3. ×　4. ×

三、填空题

1. 火焰原子化（原子吸收火焰法）　非火焰原子化（原子吸收石墨炉法）

2. 贫燃性　蓝

3. 富燃性　黄

四、简答题

答：原子吸收光谱法是基于气态的基态原子外层电子对紫外光和可见光范围的相对应原子共振辐射线的吸收强度来定量被测元素含量为基础的分析方法，是一种测量特定气态原子对光辐射的吸收的方法。

学习任务 2　原子吸收光谱法的基本原理及仪器结构

一、选择题

1. B　2. C　3. A　4. C　5. D　6. A

二、判断题

1. √　2. √　3. √　4. ×　5. ×

三、填空题

1. 光源　原子化系统　分光系统　检测与控制系统　数据处理系统

2. 火焰　石墨炉

3. 石墨炉　特征波长　正比

4. 光源　待测元素　基态原子　检测系统

5. 阳极　空心阴极

6. 空心阴极灯　蒸气放电灯　无极放电灯

7. 预热　不纯　锐线

学习任务 3　石墨炉原子吸收光谱仪的操作规程

一、选择题

1. D　2. C　3. B　4. D

二、判断题

1. √　2. √　3. √

三、填空题

1. 气体和冷却水传输　石墨炉　自动进样器

2. 氮气　氩气　0.3~0.5　MPa

3. 40 ℃　1.5~2 L/min　200 kPa

四、简答题

答：（1）洗瓶一般是拆下清洗。先用 20% 的硝酸装满洗瓶，然后用去离子水淋洗。再用 0.01%~0.05% 的硝酸重新灌满洗瓶。

（2）有时碳粒子会沉积在进样毛细管的尖端，此时需要用薄纸将其擦去。在分析基体比较复杂的样品时，可以直接操纵毛细管从含有 20% 硝酸的样品瓶中吸取 70 μL 的溶液，当毛细管吸完液体并且仍浸在样品瓶中时，立即关闭自动进样器。

（3）每天都需要检查毛细管和注射器中是否有气泡。系统中存在的气泡会引起定量不准，导致分析结果错误。可以按照仪器的使用手册来排除气泡。

学习任务 4　火焰原子吸收光谱仪的操作规程

一、选择题

1. D　2. B　3. A

二、填空题

1. 正比

2. 空气　乙炔

3. 低

三、简答题

1. 答：原子吸收光谱仪的结构：

光源→原子化系统→分光系统（单色器）→检测系统。

光源的作用：发射待测元素的特征光谱。

原子化系统的作用：将试样中的待测元素转化为原子蒸气。

分光系统的作用：将待测元素的吸收线与邻近谱线分开。

检测系统的作用：将光信号转变为电信号，然后放大、显示。

2. 答：空气-乙炔火焰根据燃助比的不同可分为化学计量火焰、贫燃焰、富燃焰。它们的特点分别如下：

化学计量火焰——按照 $C_2H_2+O_2 \rightarrow CO_2+H_2O$ 反应配比燃气与助燃气的流量，性质中性，温度较高，适合大多数元素的测定。

贫燃焰——燃助比小于化学计量火焰的火焰，蓝色，具有氧化性（或还原性差），火焰温度高，燃烧稳定，适合测定不易形成难熔氧化物的元素。

富燃焰——燃助比大于化学计量火焰的火焰，火焰黄色，具有较强的还原性，火焰温度低，燃烧不稳定，适合测定易形成难熔氧化物的元素。

学习任务 5　原子吸收光谱仪的维护

一、选择题

1. D　2. C

二、判断题

1. √　2. √　3. ×

三、填空题

1. 1 个月　1 000 h

2. 1∶3

3. 1 000 次　老化

4. 3 个月　3 滴

拓展任务一

一、选择题

1. A　2. D　3. D

二、判断题

1. √　2. ×　3. √　4. ×　5. ×

三、填空题

1. 光强度　发光的稳定性　测定的灵敏度和线性　灯的寿命长短

2. 线状

3. 钨棒　待测元素　低压惰性气体

拓展任务二

一、选择题

1. BD　2. D

二、判断题

1. √　2. √

三、简答题

1. 答：（1）从外观判断。

（2）根据标准溶液吸光度值判断。

（3）根据使用次数来判断。

（4）根据测定结果的重显性及 RSD 判断。

（5）根据分析结果的峰形判断。

2. 答：石墨管使用寿命的影响因素主要包括石墨管的种类、测定样品的种类、浓度、进样量、升温程序、样品中酸的含量及种类、进样针的位置、排风抽取系统的流量、温度监测是否异常、石墨管安装是否正确、冷却系统是否异常、保护气体的流量及纯度等。

拓展任务三

一、选择题

1. A 2. D

二、判断题

1. √ 2. ×

三、简答题

答：（1）每天对燃烧器头进行清洁，必要时应将燃烧器头拆下，用5%硝酸溶液浸泡过夜，再用燃烧器头清洗专用卡刷洗并置于纯水中用超声波清洗仪清洗。

（2）每天用去离子水或1%硝酸溶液清洗雾化器，必要时应拆下雾化器用超声波清洗仪清洗。

（3）每月或分析有机样品后应拆下雾化室刷洗及用超声波清洗仪清洗。

（4）每月用擦镜纸蘸50%乙醇-水溶液清洁石英窗。

（5）每月检查玻璃撞击球及空气过滤器，如撞击球被腐蚀或损坏应更换。

（6）每年安排生产厂家专业工程师对仪器做一次全面预防性保养。

（7）垫圈及进样毛细管等消耗件根据需要及时更换。

学习任务6 原子吸收光谱仪常见故障及解决办法

选择题

1. D 2. B 3. C 4. B 5. B

第三部分 原子荧光光谱分析的基础理论与仪器操作

学习任务1 原子荧光光谱分析概述

一、选择题

1. B 2. D 3. B

二、判断题

1. × 2. √ 3. × 4. × 5. √

学习任务2 原子荧光光谱法的基本原理及仪器结构

一、选择题

1. D 2. C 3. C

二、判断题

1. × 2. √

三、填空题

1. 共振荧光　直跃线荧光　阶跃线荧光

2. 自吸　变宽　减少

3. 荧光　干扰

4. 光源（激发光源）　原子化系统　光学系统（单色器）　检测系统　氢化物发生器

5. 雾化　原子化效率　温度　激发作用

学习任务3　原子荧光光谱仪的操作规程

一、判断题

1. √　2. ×　3. ×

二、填空题

1. 色散型　非色散型

2. 高强度空心阴极灯　激光器

3. 被测元素　猝灭剂的种类

三、简答题

答：（1）空心阴极灯的灵敏度下降。

（2）光路未调节好。

（3）进样系统问题。

（4）氢化物反应条件不正确。

学习任务4　原子荧光光谱仪的维护

填空题

1. 硝酸

2. 气液分离器　原子化器

学习任务5　原子荧光光谱仪常见故障及解决办法

一、选择题

1. A　2. D

二、填空题

1. 每半年

2. 每半年

3. 日光直射处或光亮处

三、简答题

答：（1）更换空心阴极灯。

（2）调节光路。

（3）检查反应系统，注意泵管压力。

第四部分　分析方法应用

学习任务1　样品前处理

（1）样品前处理——微波消解

一、选择题

A

二、判断题

1. √　2. ×　3. √　4. √　5. √

三、填空题

1. 10　1　9　2

2. 微波炉体　微波控制箱　消解罐

3. 注水　编写和运行程序　赶酸、定容

4. 有机械损伤　各部分干燥

5. 防爆膜　瓷堵头

（2）样品前处理——干法灰化

一、选择题

1. C　2. C　3. C　4. B　5. A

二、判断题

1. ×　2. ×　3. ×　4. ×　5. √

三、填空题

1. 灰化法　灼烧法　高温灼烧　有机物　汞

2. 坩埚　脱水　炭化　分解　马弗炉　白色或浅灰色

3. 较大　简单　少　低

4. 炉膛　热电偶　炉膛耐高温

5. 氧化作用

（3）样品前处理——湿法消解

一、判断题

1. √　2. √　3. √　4. ×　5. ×

二、填空题

1. 强氧化剂　氧化分解　无机物

2. 高氯酸＞硝酸＞硫酸＞过氧化氢　硝酸　硫酸-硝酸　硫酸-高氯酸-硝酸

3. 短　低　起泡

4. 可调式电热板

181

5. 称样　加酸　消解　赶酸

学习任务2　石墨炉原子吸收光谱法测定食品中铅的含量

一、选择题

1. B　2. C　3. D　4. C　5. C　6. D　7. C

二、判断题

1. ×　2. ×　3. √　4. √　5. √　6. √

三、填空题

1. 0.3~0.5 MPa　冷却循环水　钢圈　20~25 ℃

2. 辉光放电　待测元素的纯金属或合金

3. 光散射　分子吸收

4. 灵敏度高　取样量少　在炉中直接处理样品

5. 干燥　灰化　原子化　净化

学习任务3　火焰原子吸收光谱法测定食品中铜的含量

一、选择题

1. C　2. C　3. A　4. A　5. B

二、判断题

1. ×　2. ×　3. √　4. √　5. √

三、名词解释

1. 原子吸收：蒸气相中基态原子对同种元素特征波长的光波具有吸收作用，此现象叫作原子吸收。

2. 原子吸收光谱法：试样中被测元素受热后变成基态原子进入试样蒸气，此基态原子吸收光源辐射出的特征谱线，根据吸收光度与浓度的定量关系进行测定的方法。

3. 背景吸收：是指在原子吸收测定中所存在的一些现象（火焰吸收、分子吸收、光散射等）的综合效应。

四、简答题

1. 答：只有达到预热平衡时，其自吸收和光强度才能稳定，才能进行正常的测定。

2. 答：由光源发出的特征辐射能被试样中被测元素的基态原子吸收，使辐射强度减弱，从辐射强度减弱的程度求出试样中被测元素的含量。

学习任务4　原子荧光光谱法测定食品中砷的含量

一、判断题

1. ×　2. √

二、填空题

1. 激发光源　原子化器　分光系统　光电转化装置　放大系统　输出装置

2. 硫脲（5%）+ 抗坏血酸（5%）　三价　温度　30 min

3.（1+1）HNO$_3$　24　HNO$_3$　去离子水

三、简答题

1. 答：(1) 强度高，无自吸。(2) 稳定性好，噪声小。(3) 辐射光谱重复性好。(4) 适用于大多数元素。(5) 操作容易，不需复杂的电源。(6) 价格便宜。(7) 寿命长。(8) 发射的谱线要足够纯。

2. 答：基态原子（一般为蒸气状态）吸收合适的特定频率的辐射而被激发至高能态，激发态原子在去激发过程中以光辐射的形式发射出特征波长的荧光。